U0128841

高等学校计算机类规划教材

大学计算机基础教程

张 青◉主 编

何中林　杨族桥◉副主编

清华大学出版社

北 京

内 容 简 介

本书结合作者多年的大学计算机基础课程教学经验，并充分吸收、借鉴国内外教材的优点，以Windows XP 和 Office 2003 为基础，系统地介绍了大学计算机基础课程所要求的内容。全书共 7 章，包括计算机与信息技术概述、计算机系统基础、操作系统基础、办公软件 Office 及其应用、计算机网络基础及应用、实用工具软件和数据库技术基础等。

本书内容新颖、深入浅出、图文并茂、循序渐进，组织结构合理，注意选用各种类型且内容丰富的应用实例，并在每章后面附有一定数量的习题，更加方便教学和自学。

本书可作为高等院校非计算机专业计算机基础课程教材，也可以作为广大计算机爱好者的自学参考书。

本书封面贴有清华大学出版社防伪标签，无标签者不得销售。

版权所有，侵权必究。侵权举报电话：010-62782989　13701121933

图书在版编目（CIP）数据

大学计算机基础教程/张青主编． —北京：清华大学出版社，2011.9

ISBN 978-7-302-26580-1

I. ①大… II. ①张… III. ①电子计算机-高等学校-教材 IV. ①TP3

中国版本图书馆 CIP 数据核字（2011）第 175405 号

责任编辑：朱英彪
封面设计：张　岩
版式设计：文森时代
责任校对：张彩凤
责任印制：杨　艳

出版发行：清华大学出版社　　　　　　　　　**地　　址**：北京清华大学学研大厦 A 座
　　　　　　http://www.tup.com.cn　　　　　**邮　　编**：100084
　　　　　　社　总　机：010-62770175　　　**邮　　购**：010-62786544
　　　　　　投稿与读者服务：010-62776969,c-service@tup.tsinghua.edu.cn
　　　　　　质　量　反　馈：010-62772015,zhiliang@tup.tsinghua.edu.cn
印 装 者：北京密云胶印厂
经　　销：全国新华书店
开　　本：185×260　**印　张**：13.75　**字　数**：315 千字
版　　次：2011 年 9 月第 1 版　　　　**印　　次**：2011 年 9 月第 1 次印刷
印　　数：1～5000
定　　价：28.00 元

产品编号：043245-01

前　言

为贯彻落实教育部高等院校非计算机专业计算机基础课程教学指导分委员会提出的《关于进一步加强高校计算机基础教学的意见》（简称"白皮书"）精神，进一步推进高校计算机基础教学改革，提高教学质量，适应 21 世纪信息时代新形势下对高级知识人才的需求，我们根据"白皮书"中提出的"大学计算机基础"课程教学要求和教学大纲，兼顾全国计算机等级二级考试新大纲中对公共基础知识部分的要求，组织编写了这本教材。

"大学计算机基础"是非计算机专业学生的必修课程，目前大部分高校都将其作为重点课程进行建设和管理。该课程强调基础性和先导性，重在培养学生的信息能力和信息素养。通过本课程的学习，可以使学生掌握计算机的基本原理、技术和应用，为后续课程中利用计算机技术解决专业问题打下良好的基础。

本书的编者都是多年在教学一线从事计算机基础课程教学和教育研究的教师，他们在编写过程中，将长期积累的教学经验和体会融入到知识系统的各个部分，力求使全书具有较科学合理的知识结构，能向学生传授最新的计算机基础知识。

本书具有以下特点：一是知识内容的基础性、系统性和先进性，突出"应用"，强调"技能"；二是知识内容的深度和广度，符合全国计算机等级二级考试新大纲的要求。

本书内容新颖、图文并茂、循序渐进、深入浅出，对基本概念、基本技术与方法的阐述准确、清晰、通俗易懂，是一本学习计算机基础知识、掌握计算机基础操作技能的入门教材。本书共分为 7 章，主要内容包括计算机与信息技术概述、计算机系统基础、操作系统基础、办公软件 Office 及其应用、计算机网络基础及应用、实用工具软件和数据库技术基础等。每章后面都配有一定数量的习题，以加深读者对基本概念的理解和掌握，提高计算机操作技能。各章内容衔接自然，既相互关联又有一定的独立性，实际教学中可参照教材顺序讲解，也可根据实际情况重新安排讲解顺序。

本书可作为高等院校非计算机专业学生的计算机基础课程教材，也可以作为广大计算机爱好者的自学参考书。

本书由张青主编，何中林、杨族桥为副主编，其他参与编写的人员还有涂春霞、周静、王转利、陈琛、关玉蓉、崔艳莉、杨改贞和周芬。最后，全书由张青、何中林统稿。

本书在编写过程中得到了清华大学出版社和黄冈师范学院的大力支持和帮助，在此表示衷心感谢。由于计算机技术的发展日新月异，加上编者水平有限，书中疏漏之处在所难免，敬请专家、教师和广大读者不吝指正。

编　者

2011 年 7 月

目 录

第1章 计算机与信息技术概述

1.1 计算机概述

计算是人类表达思维活动的一种方式，而计算工具则是人类思维活动的结晶。从远古到现代，人类使用的计算工具先后经历了手工、机械和机电 3 个发展阶段，目前的电子计算机是人类计算工具的最新发展。那什么是计算机呢？简单地说，计算机是一种能快速且高效地自动完成信息处理的电子设备。它与以往的计算设备最大的区别在于，计算机实现了存储程序，即程序在计算机内部可以发生变化。

在本章中将首先简单介绍计算机的发展、特点和应用领域以及信息技术及计算机病毒等基本概念，然后重点介绍计算机中信息的表示与存储。

1.1.1 计算机发展简史

我国早在春秋战国时期就发明了算筹法，这使得后来的数学家祖冲之计算出了当时最精确的圆周率。唐朝末期，标志着古老东方文明的算盘又在我国诞生。

1642 年，法国数学家 Pascal 发明了能完成加、减运算的手摇式机械计算机。1694 年，德国数学家 Leibnitz 设计出了能完成加、减、乘、除和开方运算的手摇式机械计算机。

1820 年，英国数学家 Babbage 提出了用卡片存储数据和让计算机根据条件决定下一步计算的设想。

1910 年，美国 IBM 公司生产出了一种用卡片存储数据、用继电器完成计算的计算机。

1941 年，美籍匈牙利数学家 Von Neumann 提出了 3 个非常重要的概念。

（1）存储程序：存储不仅要存储数据，而且要存储程序。

（2）采用二进制：计算机内部使用二进制。

（3）顺序控制：从存储器中取指令或数据，由控制器解释，由运算器完成计算。

这 3 个基本概念的提出为电子计算机的出现奠定了坚实的理论基础，而以它们为理论制造出来的计算机至今仍然是计算机体系结构的主流，Von Neumann 也因此被誉为电子计算机之父。

1946 年，世界上第一台电子数字积分式计算机——埃尼亚克（The Electronic Numerical Integrator And Computer，ENIAC）在美国宾夕法尼亚大学莫尔学院诞生。研制者是 John W. Mauchly 教授和他的学生 J. Preper Eckert Jr.等人。ENIAC 犹如一个庞然大物，它重达 30 吨，占地 170 平方米，内装 18000 个电子管，但其运算速度比当时最好的机电式计算机快 1000 倍。ENIAC 的诞生标志着科学技术的发展进入了计算机时代。

从第一台电子计算机诞生至今，计算机这个人类创造的科学奇迹已逐渐步入现代社会的各个角落，并已成为人类生活不可缺少的组成部分。尽管现代计算机已完全超越了一般计算工具的概念，但其发展的确可以追溯到古代计算工具的创造与发展。

纵观计算机的发展过程，人们普遍认为计算机的发展历经了 4 代，现在正向新一代迈进。

1. 第一代（1946—1957 年）——电子管时代

这一时代的计算机具备如下一些主要技术指标和特点。

（1）元器件：采用真空电子管和继电器，内存储器采用水银延迟线，外存储器采用纸带、卡片、磁带、磁鼓和磁芯。

（2）软件：使用线路和机器语言编程。

（3）特点：计算机体积大，造价高，运算速度慢，存储容量小，编程繁琐。

（4）应用范围：用于数值计算、军事研究和人口普查。

（5）代表产品：ENIAC、UNIVCA I、EDVAC、IBM70X 系列。

2. 第二代（1958—1964 年）——晶体管时代

1947 年，美国贝尔实验室的肖克利、巴丁和布拉顿组成的研究小组发明了晶体管。晶体管的问世，是 20 世纪的一项重大发明，是微电子革命的先声。同时，它的出现又为后来集成电路的诞生吹响了号角。晶体管比电子管功耗少、体积小、质量轻、工作电压低、工作可靠性好。1954 年，贝尔实验室制成了第一台晶体管计算机——TRADIC，使计算机体积大大缩小。1957 年，美国研制成功了全部使用晶体管的计算机，第二代计算机诞生了。第二代计算机的主要特点分别介绍如下。

（1）元器件：采用晶体管；内存储器采用磁芯存储器，外存储器增加了磁盘；开发了一些外部设备。

（2）软件：出现了监控程序和管理软件；出现了高级语言，如 FORTRAN、Cobol 等。

（3）特点：计算机体积减小，成本降低，功能增强，可靠性提高；运算速度提高到每秒几十万次；存储容量扩大；由于程序设计语言的出现，使编程更加方便。

（4）应用范围：科学计算、数据处理与事务管理。

（5）代表产品：UNIVAC II、IBM7000 系列、ATLAS。

3. 第三代（1965—1970 年）——中、小规模集成电路时代

20 世纪 60 年代初期，美国的基尔比和诺伊斯发明了集成电路，引发了电路设计革命，第三代计算机诞生了。第三代计算机的主要特点分别介绍如下。

（1）元器件：小规模和中等规模集成电路，磁芯存储器容量增加，外部设备大量出现。

（2）软件：出现了操作系统，程序设计语言的种类进一步增多。

（3）特点：体积进一步减小，功能进一步增强，可靠性进一步提高；运算速度达到每秒几百万次；存储容量进一步扩大；计算机向标准化、多样化、通用化与系列化方向发展。

（4）应用范围：已广泛用于各个领域。

（5）代表产品：IBM System/360、PDP 11、NOVA。

4. 第四代（1971 年至今）——大规模和超大规模集成电路时代

第四代计算机的主要特点分别介绍如下。

（1）元器件：采用大规模和超大规模集成电路；半导体存储器代替了磁芯存储器；出

现了光盘、U 盘等存储设备。

（2）软件：操作系统更加完善，种类更加齐全，程序设计语言由非结构化向结构化和面向对象方向转变。

（3）特点：计算机制造和软件生产形成产业化，计算机网络化是这个时代的一大特征。

（4）应用范围：已经普及、深入到各行各业之中。

（5）代表产品：IBM4300 系列、CRAY 系列、微型计算机、网络计算机。

微型计算机是大规模和超大规模集成电路发展的一大成果。大规模集成电路的一个重要特点是将中央处理器（CPU）制作在一块电路芯片上，这种芯片习惯上称为微处理器。根据微处理器的集成规模和处理能力，又形成了微型机的不同发展阶段。

5．关于新一代计算机

多年来，许多国家投入了大量的人力、物力研究新一代计算机。其主要研究内容包括：新的计算机体系结构；新的计算机器件，包括新材料、新工艺；智能化计算机等方面。尽管对新一代计算机的研究尚未有突破性进展的报道，但可以肯定的是，新一代计算机的研制成功将为人类科学研究带来质的飞跃。

1.1.2 计算机的分类

1．按信息的形式和处理方式划分

（1）电子数字计算机

电子数字计算机处理的是离散的数据，输入是数字量，输出也是数字量。其基本运算部件是数字逻辑电路，因此运算精度高、通用性强。

（2）电子模拟计算机

电子模拟计算机处理和显示的是连续的物理量，其基本运算部件是由运算放大器构成的各类运算电路。一般说来，模拟计算机不如数字计算机精确、通用性不强，但解题速度快，主要用于过程控制和模拟仿真。

（3）数模混合计算机

数模混合计算机兼有数字和模拟两种计算机的优点，既能接收、输出和处理模拟量，又能接收、输出和处理数字量。

2．按使用范围划分

（1）通用计算机

通用计算机指适用于各种应用场合，功能齐全、通用性好的计算机。

（2）专用计算机

专用计算机指为解决某种特定问题而专门设计的计算机，一般用在过程控制中，如智能仪表、飞机的自动控制、导弹的导航系统等。

3．按计算机规模和处理能力划分

（1）巨型计算机

巨型计算机是运算速度最快、存储容量最大、性能最好的一类计算机。目前的巨型机的运算速度可达每秒千万亿次浮点运算，主存容量高达千万亿字节。这类机器价格相当昂贵，主要用于复杂、尖端的科学研究领域，特别是军事科学计算。由国防科技大学研制的"银河"和国家智能中心研制的"曙光"都属于这类机器。

（2）大/中型计算机

大/中型计算机是指通用性能好、外部设备负载能力强、处理速度快的一类机器。它有完善的指令系统、丰富的外部设备和功能齐全的软件系统，并允许多个用户同时使用。这类机器主要用于科学计算、数据处理或作为网络服务器。

（3）小型计算机

小型计算机具有规模较小、结构简单、成本较低、操作简单、易于维护、与外部设备连接容易等特点，是在 20 世纪 60 年代中期发展起来的一类计算机。小型计算机应用范围广泛，如用于工业自动控制大型分析仪器、测量仪器、医疗设备中的数据采集、分析计算等，也用作为大型、巨型计算机系统的辅助机，并广泛运用于企业管理以及大学和研究所的科学计算等。

（4）微型计算机

微型计算机（简称微机，也叫个人计算机）是以运算器和控制器为核心，加上存储器、输入/输出接口和系统总线构成的体积小、结构紧凑、价格低但又具有一定功能的计算机。如果把这种计算机制作在一块印刷电路板上，就称为单板机。如果在一块芯片中包含运算器、控制器、存储器和输入/输出接口，就称为单片机。以微机为核心，再配以相应的外部设备（如键盘、显示器、鼠标、打印机等）、电源、辅助电路和控制微机工作的软件等，就构成了一个完整的微型计算机系统。从 1971 年世界上第一台微型机诞生至今，微型计算机已渗透到各行各业和千家万户。

（5）工作站

工作站是一种高档的微型计算机，通常配有高分辨率的大屏幕显示器及容量很大的内存储器和外存储器，并且具有较强的信息处理功能和高性能的图形、图像处理功能以及联网功能在工程设计、动画制作、科学研究、软件开发、金融管理、信息服务、模拟仿真等专业领域得到了广泛的应用。

（6）服务器

服务器是在网络环境下为多用户提供服务的共享设备，一般分为文件服务器、打印服务器、计算服务器和通信服务器等。该设备连接在网络上，网络用户在通信软件的支持下远程登录，共享各种服务。

目前，微型计算机与工作站、小型计算机乃至中、大型机之间的界限已经愈来愈模糊。无论按哪一种方法分类，各类计算机之间的主要区别是运算速度、存储容量及机器体积等。

1.1.3 计算机的特点

1. 运算速度快

大型、巨型计算机已经由 20 世纪 50 年代初的几万次每秒的运算速度发展到 1976 年 1 亿次每秒及 1985 年前后的 100 亿次每秒；90 年代初达到了 1 万亿次每秒；1996 年美国推出了 2.4 万亿次每秒的巨型计算机；2010 年，我国研发的曙光"星云"巨型机的速度已超千万亿次每秒。

2．计算精度高

例如，圆周率的计算，发明计算机前的 1500 多年中经过数代科学家的人工计算，其精度只能达到小数点后的几百位，当第一台计算机诞生后，利用计算机计算就可达到 2000 位，目前计算精度已达到上亿位。

3．存储容量大

目前微型计算机的内存储器的容量已达到 2～8GB，用若干张光盘甚至可以保存一座图书馆的全部内容。

4．具有逻辑判断功能

计算机不仅能进行计算，还具有逻辑判断能力实现推理和证明，并能根据判断的结果自动决定以后执行的命令，因而能解决各种各样的问题。例如，百年数学难题"四色猜想"（任意复杂的地图，使相邻区域的颜色不同，最多只用四种颜色即能完成），1976 年美国两位科学家用 IBM-370 计算机进行了上百亿次的判断连续运算 1200 小时证明了此难题，当时震惊世界数学界。

5．高度自动化

人们把需要计算机处理的问题编成程序存储在计算机中，当向计算机发出运行指令后，计算机便在该程序的控制下自动按规定步骤完成指定的任务。

1.1.4　计算机的应用

计算机已成为人类现代生活不可分割的一部分，从太空探索到计算机辅助制造，从影视制作到家庭娱乐，计算机的身影无处不在。计算机的主要应用领域可归纳为以下 7 个方面。

1．科学计算（或称为数值计算）

早期的计算机主要用于科学计算。目前，科学计算仍然是计算机应用的重要领域，主要用于计算科学研究和工程技术中提出的复杂计算问题。60 多年来，一些现代尖端科学技术的发展都是建立在计算机的基础上的，如卫星轨迹计算、气象预报等。

2．数据处理

数据处理是目前计算机应用最广泛的一个领域，可以利用计算机来加工、管理与操作任何形式的数据资料，如企业管理、物资管理、报表统计、账目计算和信息情报检索等。

3．过程控制

过程控制也称为实时控制，是指利用计算机及时采集检测数据，按最佳值迅速地对控制对象进行自动控制或自动调节，如对数控机床和流水线的控制。在日常生产中，也用计算机来代替人工完成那些繁重或危险的工作，如对核反应堆的控制等。

4. 人工智能

人工智能是用计算机模拟人类的智能活动，如模拟人脑学习、推理、判断、理解和问题求解等过程，辅助人类进行决策。人工智能是计算机科学研究领域最前沿的学科，近几年来已具体应用于机器人、语音识别、图像识别、自然语言处理和专家系统等。

5. 计算机辅助工程

计算机辅助工程是以计算机为工具，配备专用软件辅助人们完成特定任务，以提高工作效率和工作质量为目标。比较典型的有如下几种。

- ☑ 计算机辅助设计（Computer-Aided Design，CAD）技术：综合地利用计算机的工程计算、逻辑判断、数据处理功能，与人的经验和判断能力相结合，形成一个专门系统，用来进行各种图形设计与绘制，对所设计的部件、构件或系统进行综合分析与模拟仿真实验。它是近十几年来形成的一个重要的计算机应用领域。目前在汽车、飞机、船舶、集成电路、大型自动控制系统的设计中，CAD 技术有着愈来愈重要的地位。

- ☑ 计算机辅助制造（Computer-Aided Manufacturing，CAM）技术：利用计算机对生产设备进行控制和管理，实现无图纸加工。

- ☑ 计算机基础教育（CBE）：主要包括计算机辅助教学（CAI）、计算机辅助测试（CAT）和计算机管理教学（CMI）等。其中，CAI 技术是利用计算机模拟教师的教学行为进行授课，学生通过与计算机的交互进行学习并自测学习效果，是提高教学效率和教学质量的新途径。近年来由于多媒体技术和网络技术的发展，推动了 CBE 的发展，网上教学和现代远程教育已在许多学校展开。

- ☑ 电子设计自动化（EDA）技术：利用计算机中安装的专用软件和接口设备，用硬件描述语言开发可编程芯片，将软件进行固化，从而扩充硬件系统的功能，提高系统的可靠性和运行速度。

6. 电子商务

电子商务指的是通过计算机和网络进行商务活动，是在 Internet 与传统信息技术的丰富资源相结合的背景下应运而生的一种网上相互关联的动态商务活动。电子商务是在 1996 年开始的，起步虽然不长，但因其高效率、低成本、高收益和全球性等特点，很快受到各国政府和企业的广泛重视，有着广阔的发展前景。

目前，许多公司开始通过 Internet 进行商业交易，他们通过网络与顾客、批发商和供货商等联系，在网上进行业务往来。

7. 娱乐

计算机已经走进了千家万户，工作之余人们可以使用计算机欣赏影视和音乐，进行游戏娱乐等。

1.2 计算机中信息的表示与存储

在介绍计算机中信息的表示与存储之前，先来看看计算机中的存储单位。

1．位（bit）

表示一位二进制信息，可存放一个 0 或 1。位是计算机中存储信息的最小单位。

2．字节（Byte）

计算机中存储器的一个存储单元，由 8 个二进制位组成。字节（B）是存储容量的基本单位，常用的单位有如下。

- ☑ KB：1KB=1024B=2^{10}B。
- ☑ MB：1MB=1024KB=1024×1024B=2^{20}B。
- ☑ GB：1GB=1024MB=1024×1024KB=1024×1024×1024B=2^{30}B。
- ☑ TB：1TB=1024GB=1024×1024MB=1024×1024×1024KB=1024×1024×1024×1024B =2^{40}B。

3．字长（word）

计算机进行数据处理时，一次存取、加工和传送的数据长度称为字长。一个字通常由一个或多个字节构成。计算机的字长决定了 CPU 一次操作所能处理的数据的长度。由此可见，计算机的字长越长，其性能越优越。

1.2.1 数制

数制就是数的表示方法。在众多的数制中，人类常用的有十进制、六十进制（用于计算时间）等，而计算机使用的是二进制，这就有必要对数制问题进行讨论。之所以在计算机中采用二进制，是因为在自然界中能用来准确描述两种相反状态的物质有很多，如开关的"开"与"关"、电位的"高"与"低"、晶体管的"导通"与"截止"等，这两种不同的状态正好可以对应二进制的两个基本数码——0 和 1。

1．基本概念

下面介绍关于数制的一些基本概念。

- ☑ 数码：一种进位计数制各数位上所允许的有限的几个数字符号。
- ☑ 基数：所允许的数字符号的个数就是计数制的基数。
- ☑ 权：人们通常采用有权编码表示数字，即同一个数码处在不同数位时所代表的数值不同。每个数码所表示的值就等于该数码本身乘以一个与所在数位有关的常数，这个常数就称为位权，简称"权"。

常用的几种进位制（十进制、二进制、八进制和十六进制）的基本特点如表 1-1 所示。

表 1-1 常用的几种进位制的基本特点

进 位 制	数 码	基 数	权	规 则
十进制	0、1、2、3、4、5、6、7、8、9	10	10^n	逢 10 进 1
二进制	0、1	2	2^n	逢 2 进 1
八进制	0、1、2、3、4、5、6、7	8	8^n	逢 8 进 1
十六进制	0、1、…、9、A、B、C、D、E、F	16	16^n	逢 16 进 1

十六进制中的数码使用了符号 A、B、C、D、E、F，分别对应十进制中的 10、11、12、13、14、15。在书写时，为了区别不同进制的数，可以使用以下 3 种书写格式。

$10001101_{(2)}$、$765_{(8)}$、$12.7_{(10)}$、$AB.7_{(16)}$

$(10001101)_2$、$(765)_8$、$(12.7)_{10}$、$(AB.7)_{16}$

10001101B、765O、12.7D、AB.7H

这里，字母 B、O、D、H 分别表示二进制、八进制、十进制和十六进制。

2．按权展开式

按权展开式就是将任意进制的数表示成该数每个位置上的数码乘以该位置上的权值。任何进制的数都可以按其位权进行展开。例如：

$945.7=9\times10^2+4\times10^1+5\times10^0+7\times10^{-1}$

$(110.011)_2=1\times2^2+1\times2^1+0\times2^0+0\times2^{-1}+1\times2^{-2}+1\times2^{-3}$

1.2.2 数制之间的转换

1．非十进制数转换为十进制数

非十进制数转换为十进制数的方法就是按权展开。例如：

$(110.011)_2=1\times2^2+1\times2^1+0\times2^0+0\times2^{-1}+1\times2^{-2}+1\times2^{-3}=(6.625)_{10}$

$(123)_8=1\times8^2+2\times8^1+3\times8^0=(83)_{10}$

$(2A)_{16}=2\times16^1+10\times16^0=(42)_{10}$

2．十进制数转换为非十进制数

十进制数转换为非十进制数的方法：整数部分采用除基数取余法、小数部分采用乘基数取整法，分别转换后组合得到。

☑ 除基数取余法：逐次除以基数，每次求得的余数即为转换后的数的整数部分各位的数码，直到商为 0。

☑ 乘基数取整法：逐次乘以基数，每次乘积的整数部分即为转换后的数的小数各位的数码。

例如，把十进制数 13.25 转换为二进制数，可对整数部分 13 进行转换，对小数部分 0.25 进行转换。

商	余数	整数部分
13/2=6	1	
6/2=3	0	0.25×2=0.5　0
3/2=1	1	0.5×2=1　1
1/2=0	1	

因此，$(13.25)_{10} = (1101.01)_2$。

并非所有的十进制小数都能用有限位的非十进制小数来表示，在这种情况下通常取其近似值。

3. 二进制与八进制、十六进制的转换

（1）二进制与八进制的转换

二进制数转换成八进制数的方法是：将二进制数从小数点开始分别向左（整数部分）和向右（小数部分）每 3 位分成一组，不足 3 位时补 0，分别转换成八进制数码中的一个数字，然后连接起来。例如 10110.01，按 3 位分组为 010 110.010，分别转换成八进制数 26.2，因此，$(10110.01)_2=(26.2)_8$。

八进制数转换成二进制数的方法正好相反，只需将每一位八进制数写成相应的 3 位二进制数，再按顺序组合起来即可。例如，$(71.1)_8=111\ 001.001=(111001.001)_2$。二进制与八进制数码转换如表 1-2 所示。

表 1-2　二进制与八进制数码转换

1 位八进制数	0	1	2	3	4	5	6	7
3 位二进制数	000	001	010	011	100	101	110	111

（2）二进制与十六进制的转换

二进制数与十六进制数互相转换的方法与上面介绍的二进制数与八进制数的转换方法类似，只是十六进制数的 1 位与二进制的 4 位数相对应。例如，$(100101.011)_2= 0010\ 0101.0110=(25.6)_{16}$。二进制与十六进制数码转换如表 1-3 所示。

表 1-3　二进制与十六进制数码转换

1 位十六进制数	0	1	2	3	4	5	6	7
4 位二进制数	0000	0001	0010	0011	0100	0101	0110	0111
1 位十六进制数	8	9	A	B	C	D	E	F
4 位二进制数	1000	1001	1010	1011	1100	1101	1110	1111

（3）八进制与十六进制的转换

八进制与十六进制之间的转换没有直接的方法，中间要以二进制为过渡。

1.2.3　二进制的运算

在计算机中，二进制数可进行算术运算和逻辑运算。

1. 算术运算

（1）加法：0+0=0 1+0=0+1=1 1+1=10（1 为进位）

（2）减法：0−0=0 10−1=1（借位 1）1−0=1 1−1=0

（3）乘法：0×0=0 0×1=1×0=0 1×1=1

（4）除法：0/1=0 1/1=1

2. 逻辑运算

☑ 或（"∨"或"+"）：或运算中，两个逻辑值只要有一个为 1，结果就为 1，否则为 0。例如：0∨0=0，0∨1=1，1∨0=1，1∨1=1。

☑ 与（"∧"或"·"）：与运算中，只有两个逻辑值都为 1 时，结果才为 1，其余都为 0。例如：0∧0=0，0∧1=0，1∧0=0，1∧1=1。

☑ 非（"‾"）：非运算中，对每位的逻辑值取反。

1.2.4 计算机信息编码

1. 字符数据的编码

ASCII 码（American Standard Code for Information Interchange）是美国信息交换标准代码的简称。ASCII 码占 1 个字节，有 7 位 ASCII 码和 8 位 ASCII 码两种，7 位 ASCII 码称为标准 ASCII 码（规定最高位为 0），8 位 ASCII 码称为扩充 ASCII 码。7 位二进制数给出了 128 种不同的组合，表示 128 个不同的字符。其中，95 个字符可以显示，包括大小写英文字母、数字、运算符号和标点符号等；另外 33 个字符是不可见的控制码，编码值为 0～31 和 127。例如回车符（CR），编码为 13。ASCII 码如表 1-4 所示。

表 1-4 美国信息交换标准代码（ASCII）

ASCII 值	控制字符	ASCII 值	控制字符	ASCII 值	控制字符	ASCII 值	控制字符
0	NUT	16	DLE	32	(space)	48	0
1	SOH	17	DCI	33	!	49	1
2	STX	18	DC2	34	"	50	2
3	ETX	19	DC3	35	#	51	3
4	EOT	20	DC4	36	$	52	4
5	ENQ	21	NAK	37	%	53	5
6	ACK	22	SYN	38	&	54	6
7	BEL	23	TB	39	,	55	7
8	BS	24	CAN	40	(	56	8
9	HT	25	EM	41	)	57	9
10	LF	26	SUB	42	*	58	:
11	VT	27	ESC	43	+	59	;
12	FF	28	FS	44	,	60	<
13	CR	29	GS	45	-	61	=
14	SO	30	RS	46	.	62	>
15	SI	31	US	47	/	63	?

续表

ASCII 值	控制字符	ASCII 值	控制字符	ASCII 值	控制字符	ASCII 值	控制字符
64	@	80	P	96	、	112	p
65	A	81	Q	97	a	113	q
66	B	82	R	98	b	114	r
67	C	83	X	99	c	115	s
68	D	84	T	100	d	116	t
69	E	85	U	101	e	117	u
70	F	86	V	102	f	118	v
71	G	87	W	103	g	119	w
72	H	88	X	104	h	120	x
73	I	89	Y	105	i	121	y
74	J	90	Z	106	j	122	z
75	K	91	[	107	k	123	{
76	L	92	\	108	l	124	|
77	M	93	]	109	m	125	}
78	N	94	^	110	n	126	～
79	O	95	—	111	o	127	DEL

2．数值型数据的编码

BCD（Binary-coded Decimal）码用 4 位二进制数表示 1 位十进制数。例如，BCD 码 1000 0010 0110 1001 按 4 位一组分别转换，结果是十进制数 8269。BCD 码中的每 4 位二进制代码是有权码，从左到右按高位到低位权依次是 8、4、2、1。4 位 BCD 码最小数是 0000，最大数是 1001。

3．汉字编码

（1）输入码

键盘是计算机的主要输入设备之一，输入码就是用英文键盘输入汉字时的编码。输入汉字一般有两种途径：一是由计算机自动识别汉字，要求计算机模拟人的智能；二是由人将相应的计算机编码以手动方式用键盘输入计算机。前者主要有手写笔、语音识别和扫描识别等，后者有区位码、全拼、五笔字型、微软拼音和智能 ABC 等，它们都属于外码。按照编码原理，汉字输入码主要分为 4 类，即顺序码（无重码，如区位码、国标码、电报码等）、音码（如智能 ABC、微软拼音、全拼和搜狗拼音输入法等）、形码（如五笔字型），以及将汉字的音、形相结合的音形码（自然码）或者形音码。

（2）国标码

1980 年我国制定了 GB 2312—1980 标准，颁布了一套用于汉字信息交换的代码，共收录汉字 6763 个，各种字母符号 682 个，合计 7445 个。其中常用汉字（一级汉字）3755 个，以拼音为序；二级汉字 3008 个，以偏旁部首为序。规定每一个汉字用 2 字节来存放，每个字节用 7 位码来表示，在 0000000～1111111 之间变化。由于计算机存储器是用字节来存储信息的，而一个字节是 8 位，因此在国标码的低七位和高七位前面都补个 0。

（3）区位码

在 GB 2312—1980 的编码方式中，国家标准将汉字和图形符号排列在一个 94 行 94 列的二维代码表中，每两个字节分别用两位十进制数来编码，前面那个字节的编码叫区码，后面那个字节的编码叫位码，这就是区位码。例如"保"这个字，它在二维代码表中位于第 17 区第 3 位，那么其区位码就是 1703。

国标码并不完全等同于区位码，它是由区位码稍加转换而得到的。转换方法是：先将十进制区位码的区码和位码分别转换成十六进制的区码和位码，再将转换后的区码和位码分别加上 20H，就得到了国标码。例如，"保"的区位码为 1703D→1103H→1103H+2020H→3123H，国标码为 3123H。

（4）机内码

国标码是汉字信息交换的标准编码，但是因为其两个字节的最高位规定成了 0，这样一个汉字的国标码就很容易被误认为是两个西文字符的 ASCII 码。于是，在计算机内部也就无法采用国标码。对此可以采用变形后的国标码，也就是将国标码的两个字节的高位由两个 0 变成两个 1，这就成了机内码。

（5）汉字字形码

汉字信息在计算机中采用机内码，但输出时必须转换成字形码，因此对每一个汉字，都要有对应的字的模型储存在计算机内，这就是字库。它又分为"软字库"和"硬字库"两种。构成汉字字形的方法有两种：向量（矢量）法和点阵法。用点阵表示字形时，汉字字形码一般指确定汉字字形的点阵代码。字形码也称字模码，它是汉字的输出形式。随着汉字字形点阵和格式的不同，汉字字形码也不同。常用的字形点阵有 16×16 点阵、24×24 点阵、48×48 点阵等。字模点阵的信息量是很大的，占用存储空间也很大，以 16×16 点阵为例，每个汉字占用 32 字节。因此，字模点阵只能用来构成"字库"，而不能用于机内存储。字库中存储了每个汉字的点阵代码，当显示输出时才检索字库，输出字模点阵得到字形。

1.3　信息与信息社会

1.3.1　信息社会

信息社会也称信息化社会，是 20 世纪 60 年代初提出来的概念。所谓信息化，是指社会经济的发展，从以物质与能源为经济结构的重心，转向以信息为经济结构的重心的过程。在信息社会中，信息将成为比物质和能源更为重要的资源，以开发和利用信息资源为目的的信息经济活动迅速扩大，逐渐取代工业生产活动而成为国民经济活动的主要内容。而以计算机、微电子和通信技术为主的信息技术革命是社会信息化的动力源泉。

在国家信息中心发布的《走近信息社会：中国信息社会发展报告 2010》中显示，2010 年中国信息社会指数为 0.3929，整体上正处于由工业社会向信息社会过渡的加速转型期。

1.3.2　信息技术

通常情况下，凡是涉及到信息的产生、获取、检测、识别、变换、传递、处理、存储、显示、控制、利用和反馈等与信息活动有关的、以增强人类信息功能为目的的技术都可以叫做信息技术（Information Technology，IT）。

与其他技术一样，信息技术的发展也是分层次的。按人类信息器官功能来划分的信息技术（即智能技术、感测技术、通信技术和控制技术）是信息技术群的主体；而微电子技术、激光技术、生物技术及机械技术等是信息技术群的支持性技术；新材料、新能量技术则是信息技术群的基础性技术；在信息技术主体，针对各种实用目的繁衍出来的丰富多彩的具体技术就是信息技术群的应用性技术，包括工业、农业、国防、交通运输、商业贸易、科学研究、文化教育、医疗卫生、体育运动、休闲娱乐、家庭劳作、行政管理和社会服务等一切人类活动领域的应用。这样广泛而普遍的实际应用，体现了信息技术强大的生命力和渗透力，体现了它与人类社会各个领域密切而牢固的联系。

1.3.3　信息素养

信息素养（Information Literacy）的本质是全球信息化需要人们具备的一种基本能力。信息素养这一概念是信息产业协会主席保罗·泽考斯基于 1974 年在美国提出的。1989 年美国图书馆学会（American Library Association，ALA）这样定义它：能够判断什么时候需要信息，并且懂得如何去获取信息、如何去评价和有效利用所需的信息。现代社会需要的是创新型人才，在创新型人才所需具备的诸多素质中，信息素养是其中的基本层面。培养人才信息素养的最佳途径就是进行信息素质教育，即培养学生了解信息知识、识别信息需求、检索信息资源、分析评价信息、有效利用信息、遵守信息道德规范等。因此，培养信息社会的合格公民，不仅要提升学生的信息素养，更需要加强德育渗透，使人们在不断提升自身信息素养的过程中，同时具有健康的信息意识和信息伦理道德，树立正确的人生观、世界观，能够在信息的汪洋大海中正确把握人生的方向，形成良好的信息技术职业道德。

1.3.4　信息系统安全

国际标准化组织（ISO）将信息安全（Information Security）定义为"为数据处理系统建立和采取的技术和管理的安全保护，保护计算机硬件、软件和数据不因偶然和恶意的原因而遭到破坏、更改和泄露"。随着计算机应用范围的逐渐扩大以及信息内涵的不断丰富，信息安全涉及的领域和内涵也越来越广。信息安全不仅是保证信息的机密性、完整性、可用性、可控性和可靠性，并且从保证单个主机的安全发展到保证整个网络体系结构的安全，从保证单一层次的安全发展到保证多层次的立体安全。目前，涉及的领域还包括黑客的攻防、网络安全管理、网络安全评估，以及网络犯罪取证等方面。信息安全不仅关系到个人和企事业单位，还关系到国家安全。这些安全问题需要依靠密码、数字签名、身份认证、防火墙、安全审计、灾难恢复、防病毒和防黑客入侵等安全机制加以解决。

不论采用哪种安全机制解决信息安全问题，本质上都是为了保证信息的各项安全属性，使信息的获得者对所获取信息充分信任。信息安全的基本属性有信息的完整性、可用性、保密性、可控性和可靠性，具体描述如下。

- ☑ 完整性（Integrity）：指信息在存储、传输和提取的过程中保持不被修改、不被破坏、不被插入、不延迟、不乱序和不丢失的特性。
- ☑ 可用性（Availability）：指的是信息可被合法用户访问并能按要求顺序使用的特性，即在需要时可取用所需的信息。
- ☑ 保密性（Confidentiality）：指信息不泄漏给非授权的个人和实体，或供其使用的特性。
- ☑ 可控性（Controllability）：指授权机构可随时控制信息的机密性。
- ☑ 可靠性（Reliability）：指信息以用户认可的质量连续服务于用户的特性（包括迅速、准确和连续地转移信息等），但也有人认为可靠性是人们对信息系统而不是对信息本身的要求。

对信息安全的建设是一个系统工程，需要对系统中的各个环节进行统一的综合考虑、规划和构架，并要时时兼顾组织内不断发生的变化。任何单个环节上的安全缺陷都会对系统的整体安全构成威胁，所以解决信息安全问题应该同时从技术和管理两方面着手。

从技术方面来讲，实现信息安全主要是解决网络系统本身存在的安全漏洞，比如 TCP/IP 协议的不完善、操作系统或程序对安全性考虑不足或不周等。目前解决这些问题的常用技术有密码技术、入侵检测、虚拟专用网（VPN）技术、防火墙与防病毒技术、隐写与伪装、数字水印、认证与识别技术等。

从管理方面来讲，实现信息安全主要是健全组织内部的信息安全管理制度，以防止因为内部人员的误操作或思想麻痹、没有足够的信息安全意识而引起严重的后果。解决管理方面的问题需要制定适当完备的信息安全发展策略和计划，加强信息安全立法，实现统一和规范的管理，积极制定信息安全国际和国家标准。

1.4 计算机病毒及其防治

1.4.1 计算机病毒的概念

我国颁布的《中华人民共和国计算机信息系统安全保护条例》明确指出：计算机病毒，是指编制或者在计算机程序中插入破坏计算机功能或者毁坏数据，影响计算机使用，并能自我复制的程序代码。也就是说，计算机病毒是软件，是人为制造出来专门用于破坏计算机系统安全的程序。

1.4.2 计算机病毒的分类

1. 按破坏性划分

按破坏性可分为良性病毒和恶性病毒。

2. 按传染方式划分

（1）引导区型

引导区型病毒主要感染磁盘的引导区。

（2）文件型

文件型病毒主要感染磁盘上的可执行文件。

（3）混合型病毒

混合型病毒兼具引导区型病毒和文件型病毒的特点。

3．按连接方式划分

（1）源码型病毒

它攻击高级语言编写的源程序，在源程序编译之前插入其中，并随源程序一起编译、全连接成可执行文件。源码型病毒较为少见，亦较难编写。

（2）入侵型病毒

入侵型病毒可用自身代替正常程序中的部分模块或代码，因此这类病毒只攻击某些特定程序，针对性强。一般情况下难以发现，清除起来也较困难。

（3）操作系统型病毒

操作系统型病毒可用其自身部分加入或替代操作系统的部分功能。因其直接感染操作系统，这类病毒的危害性也较大。

（4）外壳型病毒

外壳型病毒通常将自身附在正常程序的开头或结尾，相当于给正常程序加了个外壳。大部分的文件型病毒都属于这一类。

4．新型病毒

部分新型病毒由于其独特性而暂时无法按照前面的类型进行分类，如宏病毒、黑客软件、邮件病毒等。

1.4.3　计算机病毒的特点

计算机病毒具有如下几个特点：

（1）传染性

传染性是指计算机病毒能够自我复制，将病毒程序附到其他无病毒的程序体内，而使之成为新的病毒源，从而快速传播。传染性是计算机病毒的基本特征，也是病毒与正常程序的本质区别。

（2）潜伏性

计算机病毒潜入系统后，一般并不立即发作，而是在一定条件下，激活其传染机制，才进行传染；激活其破坏机制，才进行破坏。

（3）隐蔽性

计算机病毒程序一般都隐蔽在正常程序中，同时在进行传播时也无外部表现，因而用户难以察觉它的存在。

（4）破坏性

计算机中毒后，可能会导致正常的程序无法运行，计算机内的文件被删除或受到不同程度的损坏，通常表现为增、删、改、移。

1.4.4 计算机病毒的危害及防治

1. 计算机病毒的主要危害

随着计算机在工作、生活中的应用越来越深入，计算机病毒的危害也越来越大。主要表现为：

（1）病毒发作时，将对计算机信息数据造成直接破坏。

（2）非法侵占磁盘空间，破坏信息数据。

（3）抢占系统资源。

（4）影响计算机运行速度。

（5）计算机病毒代码本身的错误给计算机系统带来一些不可预见的危害。

（6）计算机病毒的兼容性对系统运行的影响。

（7）计算机病毒给用户造成严重的心理压力。

2. 计算机病毒的防治

（1）计算机病毒的预防

计算机病毒防治的关键是做好预防工作，即防患于未然。首先，在思想上要给予足够的重视，采用"预防为主，防治结合"的方针；其次，应尽可能切断病毒的传播途径，养成对计算机进行检测的习惯病毒检测，平时多留意一下计算机的反常现象，及早发现，及早清除；最后，在计算机中装入具有动态检测病毒入侵功能的软件，安装、设置防火墙，安装实时监测杀毒软件，以及对文件采用加密方式传播等。

（2）计算机病毒的检测与清除

计算机病毒的检测与清除主要通过杀毒软件来实现。杀毒软件通常集成监控识别、病毒扫描、清除以及自动升级等功能，有的杀毒软件还带有数据恢复等功能。

目前，市场上查杀病毒的软件有许多种，常见的有 360 安全卫士、金山毒霸、瑞星、卡巴斯基、诺顿等。

习 题 一

1. 填空题

（1）计算机中对数据进行加工与处理的部件，通常称为＿＿＿＿＿＿。

（2）微型计算机中内存储器比外存储器存储速度＿＿＿＿＿＿。

（3）微型计算机存储器系统中的 Cache 是＿＿＿＿＿＿。

（4）微型计算机使用的键盘上的 Alt 键称为＿＿＿＿＿。

（5）用屏幕水平方向上显示的点数乘垂直方向上显示的点数来表示显示器清晰度的指标，通常称为＿＿＿＿＿＿＿。

2．选择题

（1）计算机之所以能按人们的意志自动进行工作，最直接的原因是因为采用了_____。

　　A．二进制数制　　　B．高速电子元件　　C．存储程序控制　　D．程序设计语言

（2）五笔字型输入法属于_____。

　　A．音码输入法　　　B．形码输入法　　　C．音形结合的输入法　　D．联想输入法

（3）一个 GB2312 编码字符集中的汉字的机内码长度是_____。

　　A．32 位　　　　　B．24 位　　　　　C．16 位　　　　　D．8 位

（4）计算机存储器中，组成一个字节的二进制位数是_____。

　　A．4　　　　　　B．8　　　　　　C．16　　　　　　D．32

（5）无符号二进制整数 10111 转变成十进制整数，其值是_____。

　　A．17　　　　　B．19　　　　　C．21　　　　　D．23

（6）在微机中，1GB 的准确值等于_____。

　　A．1024Bytes × 1024Bytes　　　　B．1024KB

　　C．1024MB　　　　　　　　　　　D．1000KB ×1000 KB

（7）计算机病毒破坏的主要对象是_____。

　　A．磁盘片　　　B．磁盘驱动器　　C．CPU　　　D．程序和数据

（8）在计算机技术指标中，MIPS 用来描述计算机的_____。

　　A．运算速度　　B．时钟主频　　C．存储容量　　D．字长

（9）计算机根据运算速度、存储能力、功能强弱、配套设备等因素可划分为_____。

　　A．台式计算机、便携式计算机、膝上型计算机

　　B．电子管计算机、晶体管计算机、集成电路计算机

　　C．巨型机、大型机、中型机、小型机和微型机

　　D．8 位机、16 位机、32 位机、64 位机

（10）二进制中的 3 位可以表示_____。

　　A．2 种状态　　B．4 种状态　　　C．8 种状态　　　D．9 种状态

（11）下列几个不同数制的整数中，最大的一个是_____。

　　A．$(1001001)_2$　　B．$(77)_8$　　　C．$(70)_{10}$　　　D．$(5A)_{16}$

（12）在下列字符中，其 ASCII 码值最大的一个是_____。

　　A．Z　　　　　B．9　　　　　C．空格字符　　　D．a

（13）要存放 10 个 24×24 点阵的汉字字模，需要_____存储空间。

　　A．72B　　　　B．320B　　　　C．720B　　　　D．72KB

（14）下列叙述中，正确的一条是_____。

　　A．计算机病毒只在可执行文件中传播

　　B．计算机病毒主要通过读写软盘或 Internet 进行传播

　　C．只要把带毒软盘片设置成只读状态，那么此盘片上的病毒就不会因读盘而传
　　　　染给另一台计算机

　　D．计算机病毒是由于软盘片表面不清洁而造成的

（15）第一代电子计算机的主要组成元件是_____。

    A．继电器   B．晶体管   C．电子管   D．集成电路

（16）一个已知英文字母 m 的 ASCII 码值为 109，那么英文字母 p 的 ASCII 码值是_____。

    A．111   B．112   C．113   D．114

（17）汉字的国标码用 2 个字节存储，其每个字节的最高位的值分别为_____。

    A．0，0   B．0，1   C．1，0   D．1，1

（18）下列关于计算机病毒的叙述中，错误的一条是_____。

    A．计算机病毒具有潜伏性

    B．计算机病毒具有传染性

    C．感染过计算机病毒的计算机具有对该病毒的免疫性

    D．计算机病毒是一个特殊的寄生程序

（19）第一台计算机是 1946 年在美国研制的，该机英文名为_____。

    A．ENIAC   B．EDVAC   C．EDSAC   D．MARK-II

（20）一个汉字的机内码与其国标码之间的差是_____。

    A．2020H   B．4040H   C．8080H   D．A0A0H

3．简答题

（1）结合生活中的实际情况，列举计算机的应用实例。

（2）结合生活中的实际情况，举例说明目前常见的计算机病毒及其危害。

第 2 章　计算机系统基础

一个完整的计算机系统包括硬件系统和软件系统两部分。硬件系统是软件系统的物质基础，软件系统是硬件系统的灵魂，二者相辅相成，缺一不可。

本章主要介绍计算机硬件系统的组成及其部件的基本功能；计算机软件系统的组成及其常用的系统软件与应用软件；计算机的基本工作原理及其工作过程；计算机系统的主要性能指标；计算机系统常见故障及其处理方法等。

2.1　计算机硬件系统

我们说，计算机的普及和发展为人类社会的进步做出了巨大的贡献，究其根本，就是它能够帮助人们进行各种各样的信息处理。从系统组成上看，一个完整的计算机系统包括硬件系统（Hardware）和软件系统（Software）两部分。

硬件系统是指计算机系统中各种设备的总称，其基本组成如图 2-1 所示。其中包括 5 个基本部件，即运算器、控制器、存储器、输入设备和输出设备。

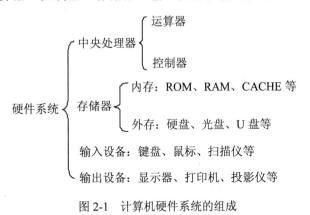

图 2-1　计算机硬件系统的组成

1. 运算器

运算器又称算术逻辑单元（Arithmetic Logic Unit，ALU），主要用来进行算术运算和逻辑运算。算术运算是指各种数值运算，如加、减、乘、除等；逻辑运算是指进行逻辑判断的非数值运算，如与、或、非、异或和移位等。

2. 控制器

控制器（Control Unit）是计算机指挥和控制其他各部分工作的中心，其工作过程和人的大脑指挥和控制人的各器官一样。它是发布命令的"决策机构"，是计算机的神经中枢，能使机器按照事先编写好的指令执行过程一步一步有条不紊地完成。

通常将运算器和控制器集成在一块芯片上，称为中央处理器（Central Processing Unit，CPU），它是计算机系统的核心设备。微型计算机的中央处理器又称为微处理器，如图 2-2 所示。现在主流的产品是四核 CPU。

图 2-2　CPU

3．存储器

存储器（Memory/Storage）是用来存放程序和数据的部件。它是计算机中各种信息的存储和交流中心，可分为内存储器（简称内存或主存）和外存储器（简称外存或辅存）。

内存用于存放那些急需处理或正在运行的程序和数据。它和 CPU 一起构成了计算机的主机部分，CPU 工作时，可直接到内存中存取数据。微型计算机的内存由半导体存储器组成，存取速度较快，但由于价格的原因，一般容量较小。

内存按工作方式的不同，可分为只读存储器（Read Only Memory，ROM）和随机存储器（Random Access Memory，RAM）。ROM 只能读出原有的内容，不能由用户再写入新内容，原有内容是由厂家一次性写入的，并永久保存下来。它一般用来存放专用的固定程序和数据，如开机自检程序、ROM BIOS 等，不会因断电而丢失。RAM 是一种可读可写的存储器，读出时并不损坏原来存储的内容，只有写入时才会修改原来所存储的内容。通电时 RAM 中的内容可以保持，但断电后，存储内容将立即消失，即具有易失性。微型计算机中的内存条就是将 RAM 集成块集中在一起的一小块电路板，插在计算机中的内存插槽上，如图 2-3 所示。现在主流计算机的内存容量一般为 2GB 左右。

图 2-3　内存条

外存主要用来长期存放"暂时不用"的程序和数据，通常只与内存进行数据交换。相对内存来说，外存具有容量大、价格低、速度慢的特点。常见的外存有硬盘、光盘和 U 盘等。

硬盘（Hard Disc）是由涂有磁性材料的若干个铝合金圆盘构成的，一般固定在计算机的主机箱内，装卸较为麻烦，如图 2-4 所示。其读取速度在外存中来说是较快的，容量巨大，近两年主流硬盘容量是 500GB，而 1TB 以上的大容量硬盘亦已开始逐渐普及。

　　光盘（Compact Disc）是近 30 年来发展起来的一种不同于磁性载体的光学存储介质，采用聚焦的氢离子激光束处理介质的方法存储和再生信息，数据容量大、携带方便、易于长期保存、成本低，如图 2-5 所示。目前常用的有只读光盘（Compact-Disc-Read-Only-Memory，CD-ROM），容量可达 650MB；数字多用光盘（Digital-Versatile-Disk-ROM，DVD-ROM），拥有 4.7GB 的大容量，可储存 133 分钟的高分辨率全动态影视节目，图像和声音质量是激光视盘（Video-CD）所不及的；一次性写入光盘（Compact-Disc-Recordable，CD-R），在光盘上进行刻录将数据一次性记录；可重复写入光盘（Compact-cisc-Rewritable，CD-RW），通过激光可在光盘上反复多次写入数据。

图 2-4　硬盘

图 2-5　光驱与光盘

　　U 盘（USB Flash Disk）又称优盘，是通用串行总线（Universal Serial Bus，USB）接口的闪存（Flash Memory）盘，如图 2-6 所示。其携带和使用都非常方便、容量和价格适中、存储数据可靠性强，因此普及很快，深受计算机用户的青睐。

图 2-6　U 盘

　　其实，对存储器而言，存取速度越快、容量越大越好。计算机中表示信息的最小单位是位/比特（bit），二进制数中的一个 0 或一个 1 就是 1bit；字节 B（Byte）是计算机中最基本的存储单位，1 字节等于 8bit，即 1B=8bit；常用单位还有千字节（KiloByte，KB）、兆字节（MegaByte，MB）、吉字节（GigaByte，GB）、太字节（TeraByte，TB）等，它们之间的换算关系是：1KB=1024B、1MB=1024KB、1GB=1024MB、1TB=1024GB。

4．输入设备

　　输入设备（Input Device）是向计算机输入数据和信息的设备，是用户和计算机系统之间进行信息交换的主要装置之一。常见的输入设备有键盘、鼠标、摄像头、扫描仪、光笔、光电阅读器、手写输入板、游戏杆、语音输入装置等。

　　键盘（Keyboard）是最常用也是最主要的输入设备，如图 2-7 所示。通过键盘，可以将英文字母、数字、标点符号等输入到计算机中，从而向计算机发出命令、输入数据等。

占据市场主流地位的是 101 键和 104 键键盘，现在也出现了拥有各种快捷功能的新兴多媒体键盘，它在传统的键盘基础上又增加了不少常用快捷键或音量调节装置，使 PC 操作进一步简化，对于收发电子邮件、打开浏览器软件、启动多媒体播放器等都只需要按一个特殊按键即可，同时在外形上也作了重大改善，着重体现了键盘的个性化。

鼠标（Mouse）是一种手持式屏幕坐标定位设备，它是为了使计算机的操作更加简便，用来代替键盘的繁琐指令而出现的一种输入设备，特别是在 Windows 操作系统环境下应用鼠标极为方便、快捷。常用的鼠标按其内部结构不同分为机械式和光电式两种，如图 2-8 所示。机械式鼠标的底座上装有一个可以滚动的金属球，当鼠标在桌面上移动时，金属球与桌面摩擦发生转动，用以控制屏幕上光标的移动；光电式鼠标的底部装有两个平行放置的小光源，当鼠标在反射板上移动时，光源发出的光经反射板反射后，由鼠标接收，并转换为电脉冲信号送入计算机，使屏幕的光标随之移动。另外，鼠标还可按键数分为两键鼠标、三键鼠标和新型的多键鼠标等；根据鼠标连接的接口不同，有串行鼠标、PS/2 鼠标、USB 鼠标等；还有新出现的无线鼠标和 3D 振动鼠标等。

图 2-7　键盘　　　　　　　　　　　　　　　　图 2-8　鼠标

5. 输出设备

输出设备（Output Device）是人与计算机进行交互的一种部件，用于数据的输出，即把各种计算结果数据或信息以数字、字符、图像、声音等形式表示出来。常见的输出设备有显示器、打印机、绘图仪、投影仪、影像输出系统、语音输出系统等。

显示器（Display）又称监视器，是最重要的输出设备。如果说 CPU 是计算机的"心脏"，那么显示器就是计算机的"脸"。它既可以显示键盘输入的命令或数据，也可以显示计算机数据处理的结果。常用的显示器主要有两种类型：一种是阴极射线管显示器（Cathode Ray Tube，CRT）；另一种是现在主流的液晶显示器（Liquid Crystal Display，LCD），如图 2-9 所示。当然，市面上还有发光二极管（Light Emitting Diode，LED）显示器、等离子显示器（Plasma Display Panel，PDP）等。

打印机（Printer）是将计算机的处理结果打印在纸张上的一种输出设备。人们常把显示器的输出称为软拷贝，把打印机的输出称为硬拷贝，即将计算机输出数据转换成印刷字体。常用的打印机按工作方式可分为针式打印机（Impact Printer）、喷墨打印机（Inkjet Printer）、激光打印机（Laser Printer）等，如图 2-10 所示。针式打印机通过打印机和纸张的物理接触来打印字符图形，而后两种都是通过喷射墨粉来印刷字符图形的。针式打印机适合银行窗口、医院窗口等需要快速完成多联纸的一次性票据打印任务，喷墨打印机适用于需要专业相片打印等高质量特殊打印场合和打印量不大的低端应用，而激光打印机最主要的优点是打印速度快、印字质量高、噪声小，最适合大量打印的用户。

图 2-9　液晶显示器

图 2-10　打印机

6. 总线

总线（Bus）是计算机各种功能部件之间传送信息的公共通信线路。根据传送信息的内容与作用不同，总线可分为数据总线（Data Bus，DB）、地址总线（Address Bus，AB）和控制总线（Control Bus，CB）。微型计算机是以总线结构来连接各个功能部件的，它是 CPU、内存、输入设备、输出设备传递信息的公用通道。总线在硬件上的体现是主板，如图 2-11 所示，主机的各个部件通过主板相连接，外部设备通过相应的接口电路再与主板相连接，从而形成了计算机硬件系统。

图 2-11　主板

2.2　计算机软件系统

硬件和软件是一个完整的计算机系统互相依存与支撑的两大部分，硬件是软件赖以工作的物质基础，而软件的正常工作是保证硬件发挥作用的唯一途径。只有硬件没有软件的计算机就好比有了汽车而没有人驾驶一样，没有任何用途；只有软件没有硬件，软件就像无源之水，犹如空中楼阁。

软件是指能使计算机硬件充分发挥效能的各种"程序"，其主要作用是"管理"计算机的工作和便于用户使用计算机，因此它又被称为计算机的灵魂。计算机软件包括系统软件和应用软件两大类，其基本组成如图 2-12 所示。

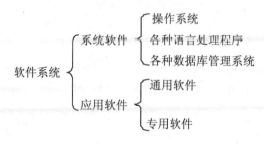

图 2-12　计算机软件系统的组成

1. 系统软件

系统软件是指能控制和协调计算机及其外部设备，支持应用软件开发和运行的软件。其主要功能是调度、监控和维护计算机系统，负责管理计算机系统中各种独立的硬件，使得它们可以协调工作。有了系统软件，用户和其他软件即可将计算机当作一个整体，而不需要顾及到底每个硬件是如何工作的。

一般来讲，系统软件包括操作系统（Operating System，OS）和各种语言处理程序、各种数据库管理系统、调试程序、装备和连接等各种系统辅助处理程序。

操作系统是计算机软件系统中最重要、最基本、最底层的系统软件，从它控制所有计算机运行的程序并管理整个计算机的资源，是计算机裸机与应用程序及其用户之间的桥梁。没有它，用户也就无法使用计算机的各种软件或程序。常用的操作系统有 Windows 系列、DOS、Linux、UNIX 等。

计算机只能直接识别和执行机器语言，因此要在计算机上运行汇编语言及高级语言程序，就必须配备相应的程序语言翻译程序。这些语言翻译处理程序本身就是一组系统程序，如汇编语言汇编器及 C 语言编译、连接器等。

数据库管理系统（DataBase Management System，DBMS）是一种操纵和管理数据库的大型软件，用于建立、使用和维护数据库。目前，常用的数据库管理系统有 Visual FoxPro、Access、SQL Server、Sybase、DB2 和 Oracle 等。

2. 应用软件

应用软件是为满足用户不同领域、不同问题的应用需求而提供的各种软件，它可以拓宽计算机系统的应用领域，放大硬件的功能。从软件的应用范围、服务的对象角度可将应用软件分为通用软件和专用软件两类。

通用软件常用的有办公软件 Office、图像处理软件 Adobe、媒体播放器 Windows Media Player、图像浏览工具 ACDSee、动画编辑工具 Flash、通信工具 QQ、防火墙和杀毒软件 360 安全卫士、阅读器 PDF、网络电视 PPLive、下载软件 Thunder、压缩软件 WinRar 等。

专用软件是程序员根据实际需要使用各种程序设计语言编制的应用程序，如用 Java 语言工具开发的某教务管理系统、用 VB 语言工具开发的某计算机二级上机考试系统等。

2.3 计算机基本工作原理

当计算机加电开机后，CPU 将首先执行一组已经由生产厂商固化到计算机主板上一个 ROM 芯片的基本输入/输出系统程序（Basic Input/Output System，BIOS）（在 BIOS 程序里保存着计算机最重要的基本输入/输出的程序、系统设置信息、开机后自检程序和系统自启动程序，其主要功能是为计算机提供最底层的、最直接的硬件设置和控制）；BIOS 启动后，就能将操作系统装载到内存并运行起来，计算机才能等待接收用户的命令，执行其他的各种系统软件与应用软件，直到用户关机。

1. 冯·诺依曼原理

1945 年，科学家冯·诺依曼（John von Neumann）提出了存储程序原理，奠定了现代计算机的基本结构。这是计算机的基本原理，又称"冯·诺依曼原理"，如今计算机仍然遵循着该原理。其特点是：

（1）计算机硬件系统由运算器、控制器、存储器、输入设备、输出设备五大部件组成并规定了它们的基本功能，其基本结构如图 2-13 所示。

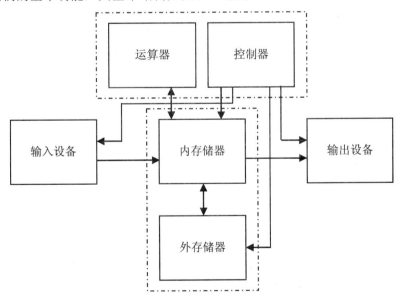

图 2-13 计算机系统的基本结构

（2）采用二进制形式表示数据和指令，即计算机采用二进制语言。

（3）在执行程序和处理数据时，先将程序和数据从外存储器装入内存储器，使计算机在工作时自动地从内存储器中取出程序包含的一条条指令并加以执行，即计算机能够完成存储程序并自动执行的工作，这是冯·诺依曼原理的核心内容。

2. 计算机工作过程

存储程序原理的提出是计算机发展史上的一个里程碑，也是计算机与其他计算工具的根本区别。按照这个原理，计算机的工作过程即执行程序的过程，而程序（Program）是为求解特定问题而设计的一系列指令的有序集合，所以计算机的工作过程就是按照给定次序执行一系列指令的过程。指令（Instruction）是程序的最小单位，一条指令完成一个基本的操作。

执行一条指令一般可分为取指令和执行指令两个阶段．第一阶段，将要执行的指令从内存取到 CPU 内，称为取指周期；第二阶段，CPU 对取入的该条指令进行分析译码，判断该条指令要完成的操作，然后向各部件发出完成该操作的控制信号，保证该条指令的正确完成，称为执行周期。当一条指令执行完后就进入下一条指令的取指和执行操作，因此计算机的工作过程也就是反复取指令和执行指令的循环过程，如图 2-14 所示。

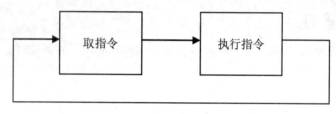

图 2-14　计算机的基本工作过程

2.4　计算机性能指标

一台计算机系统功能的强弱或性能的好坏，不是由某项单个指标来决定的，而是由其系统结构、指令系统、硬件组成、软件配置等多方面的因素综合决定的。但对于大多数普通用户来说，可以从以下几个指标来大体评价计算机的性能。

1．字长

字长是指计算机内部一次能直接处理的二进制信息的位数。字长越长，计算机的运算精度就越高；在完成同样精度运算时，计算机一次处理数据的能力就越高。但是，字长增加也会相应地使计算机付出的硬件代价越大。按 CPU 字长不同可将计算机分为 8 位机、16 位机、32 位机和 64 位机等，现在主流 CPU 字长为 64 位。

2．主频

主频是指 CPU 的时钟频率，用来表示 CPU 的工作速度，其单位是兆赫兹（MHz）。CPU的时钟频率包括外频与倍频两部分。一般使用 CPU 的类型和时钟频率来说明某台计算机的档次。

3．存储器容量

存储器容量是指内存容量与外存容量的总和。内、外存容量越大，它所能存储的数据和运行的程序就越多，程序运行的速度就越快，计算机的信息处理能力就越强。其实 CPU的高速度和外存储器的低速度是计算机系统工作过程中的主要瓶颈现象，不过由于硬盘的存取速度不断提高，目前这种现象已有所改善。

4．存取周期

存取周期是指内存储器进行一次完整的存取操作所需的时间，即存储器进行连续存取操作所允许的最短时间间隔。存取周期的大小影响计算机的运算速度快慢，存取周期越短，则存取速度越快。对于半导体存储器来说，存取周期大约为几十到几百毫秒之间。

5．运算速度

运算速度一般用每秒所能执行的指令条数来表示，其单位是百万条指令每秒（MIPS）。目前微型计算机的运算速度在 200～300MIPS 以上，运算速度越快性能越高。

以上 5 个主要技术指标是用来说明主机的性能，但在实际的计算机应用中，还有其他一些因素也对计算机的性能起到了重要作用，如计算机系统的外设扩展能力、软件配置情况、可靠性、可维护性、可用性、兼容性等。另外，在某些特殊场合下，用户更关心计算机配置中的专项功能，如上网用户关心网卡和调制解调器（Modem）的性能，进行图像、动画设计的用户关心计算机运行速度和显示器性能等。因此，计算机的各项性能指标之间并不是彼此孤立的，应该把它们综合起来考虑，而且还要遵循性能价格比的原则。

2.5　计算机系统常见故障及处理

计算机故障分为硬件故障和软件故障，硬件故障是指计算机硬件系统使用不当或硬件物理损坏所造成的故障，如电脑开机无法启动、无显示输出、声卡无法出声、接触不良、不能支持新硬件等；软件故障主要是指由系统软件或应用软件引起的系统故障，如软件自身有缺陷、系统配置参数设置不当、软件版本不兼容、驱动程序没有正确安装、计算机病毒的破坏、用户操作不当等。由于软件故障比硬件故障出现频率要高得多且相对容易处理，因此分析，查找故障所在应按着"先软后硬、先外后内"的原则进行。

1．软件故障常用处理方法

对大多数计算机用户来说，日常使用中 80%以上的故障为软件原因所导致的软件故障。软件故障一般是可以修复的，但也有一小部分可能转化为硬件故障。软件故障常用处理方法如下：

（1）注意提示

仔细阅读故障发生时系统给出的错误提示，根据提示来处理故障常常可以事半功倍，有些时候只需要重启计算机就可以正常运行了。

（2）重装操作系统

计算机里很多东西无法工作了，速度变慢了，只要是软件上的故障，最有效的一招就是重装操作系统。不过在重装操作系统之前，一定要记得备份系统盘里有用的个人资料，以及准备好需要在系统装好后继续安装的一些应用软件。若想简单处理重装系统操作，应该学会使用一键修复 Ghost 软件。

（3）重新安装应用程序

如果是应用程序应用时出错，可以将这个程序卸载后重新安装，大多时候重新安装程序可以解决很多应用程序出错的故障。同样，重新安装驱动程序也可修复设备因驱动程序出错而发生的故障。

（4）使用杀毒软件

当系统出现莫名其妙的运行缓慢或者出错情况时，应当运行杀毒软件扫描整个系统，看看是否存在病毒。

（5）升级软件版本

有些低版本的程序存在漏洞，容易在运行时出错。一般高版本的程序比低版本更加稳定，因此如果一个程序在运行中频繁出错，可以升级到该程序的高版本。

（6）寻找丢失的文件

如果系统提示某个系统文件找不到了，可以从其他使用相同操作系统的计算机中复制一个相同的文件，也可以从操作系统的安装光盘中提取原始文件到相应的系统文件夹中。

2. 硬件故障常用处理方法

在计算机出现硬件故障后，首先应该排除一些不真正属于问题的"假故障"，比如计算机电源接头松动、数据线掉落等。排除这些因素后，再结合实际情况去排除硬件故障。常用处理方法如下：

（1）排除硬件资源冲突

由于软件设置方面的原因导致硬件无法工作，如经常会遇到带"？"的设备无法使用等，其原因有可能是设备驱动安装不正确，也可能是系统设备造成的冲突。此时只需在"设备管理器"窗口中进行正确设置即可。

（2）清洁法

可用小毛刷或吸尘器等轻轻除掉主板、内存条等多处的灰尘，用橡皮擦去一些硬件表面的氧化层，用电吹风将比较潮湿的部件吹干等，这些方法可以解决很多问题。例如，如果计算机由于温度过高而出现故障，可用电风扇对着计算机吹风以加快降温速度或停机12～24小时以上再启动，即可正常使用。

（3）观察法

所谓观察法，就是通过看、听、摸、嗅等方式检查比较明显的故障。如检查各种插头是否松动，线缆是否破损、断线或碰线，电路板上的元件是否发烫、断裂、脱焊、虚焊，听硬盘是否有异常声音，分辨 BIOS 报警声，用手感觉元器件温度，感觉配件或连接线是否有松动，闻一下是否有焦味等。有的故障现象时隐时现，可用橡皮榔头轻敲有关部件，观察故障现象的变化情况，以确定故障位置。

（4）插拔法

当确定是计算机的哪一部分硬件有故障时，可逐一将其拔出，然后观察故障是否消除。如启动时系统报警，那么可将插在主板上的部件逐一拔出，然后重新启动，如果拔出某个部件时警报消除，则大致可推断是此部件或此部件的插槽为故障所在。

（5）替换法

当不确定某部件是否存在故障时，可将其安装在运行正常的计算机上，或用正常的同类部件将其替换，这样就能非常直观地诊断出是否是该部件的故障。

（6）对比法

即用好的部件与怀疑有故障的部件进行外观、配置、运行现象等各方面的比较，也可在两台计算机之间进行比较，以判断有故障计算机在环境设置、硬件配置方面的不同，从而找出故障部位。

（7）测试法

使用专用仪器或专用软件严格、有针对性地进行各种故障现象的测试，能够对故障进行详细分析与排除，并及时显示测试结果。

一般情况下，当用上述方法已无法判断故障产生的原因时，如开机后无任何显示和报警信息，这时可以采取"最小系统法"进行诊断，逐一排查故障所在。

3．计算机常见故障的分析与处理

（1）计算机的系统时间不准

故障现象：每次开机启动后系统的时间都是从 1998 年 1 月 1 日开始计时。

故障分析与处理：可能是 CMOS 电池损坏，不能为 BIOS 自动充电了，需更换 CMOS 电池。

（2）硬盘空间急剧减少

故障现象：安装了 Windows XP 操作系统，使用一段时间后，发现硬盘空间减少了很多。

故障分析与处理：可能是 Windows XP 操作系统的系统还原功能造成的。可在"系统属性"对话框中选择"系统还原"选项卡，选中"在所有驱动器上关闭系统还原"复选框，即可解决该问题。

（3）自动关机后无法再开机

故障现象：计算机在使用中突然关机，按主机电源后无法开机，屏幕总是显示黑色，但电源对主板供电正常。

故障分析与处理：由于电压不稳造成主板 BIOS 中数据出现错误，重新恢复 BIOS 的数据即可。可将 CMOS 中的电放掉后，再重新开机。

（4）温度过高引起计算机运行速度变慢

故障现象：计算机在使用几个小时后，速度就会自动慢下来。

故障分析与处理：机箱内温度过高导致 BIOS 监控程序将 CPU 频率降低，使得计算机运行速度变慢。可将 BIOS 中 CPU 的警戒温度设置得高一点。

（5）灰尘引发的计算机死机

故障现象：计算机运行大约每 20 分钟就会死机一次。

故障分析与处理：可能是 CPU 风扇叶上面积累的灰尘太多了，以致转不动了，需更换 CPU 风扇。

（6）病毒造成计算机无声音

故障现象：计算机开机后，音箱里不断地发出杂音。

故障分析与处理：可能是病毒感染造成的，需用杀毒软件查杀病毒。

（7）机箱带电

故障现象：计算机机箱带电，触碰机箱就有被电的麻刺感。

故障分析与处理：可能是电源插座的中线与相线位置接反，需将插座正确对接。

（8）长期闲置的计算机无法启动

故障现象：计算机长期闲置后开机，系统鸣笛报警，无法启动。

故障分析与处理：可能是内存条的金手指氧化产生很多锈迹导致接触不良，可使用橡皮仔细清理金手指，并将内存插槽上的灰尘小心清除。

（9）硬盘转动和读写的噪声很大

故障现象：计算机运行时，硬盘转动和读写的噪声很大。

故障分析与处理：可能与机箱的结构设计有关或是由硬盘安装不合理造成的。可检查硬盘的安装是否牢固，螺丝是否拧紧，最好在硬盘和机箱接触的地方垫一些橡胶物质，以起到减震、降噪的效果。

（10）光驱不能读盘

故障现象：光驱经常不能识别光盘上的内容，有时需要反复读很长时间才能看到光盘上的数据。

故障分析与处理：可能是光驱内部有大量灰尘和污物所致，可将光驱的外壳和前面板都卸下，用棉签、毛刷之类的清理工具将灰尘清除，并使用专用清洁液小心擦拭激光头。

习　题　二

1．填空题

（1）一台计算机的硬件系统是由_____、_____、_____、_____和_____5部分组成的。

（2）计算机的硬件系统可分为主机和外设两个部分，其中主机由_____和_____组成，外设由_____、_____、_____组成。

（3）微型计算机系统的核心部件是 CPU，它由_____和_____组成。

（4）目前计算机语言可分为_____、_____、_____。

（5）二进制的位（bit）是计算机内表示数据的最小单位，存储容量的基本单位是字节（Byte），1 字节等于_____个二进制位。

（6）总线按其功能可分为数据总线、控制总线、_____。

2．选择题

（1）计算机的硬件系统由五大部分组成，其中_____是整个计算机的指挥中心。

　　A．运算器　　　　B．控制器　　　　C．接口电路　　　　D．系统总线

（2）_____决定计算机的运算精度。

　　A．主频　　　　　B．字长　　　　　C．内存容量　　　　D．硬盘容量

（3）在下列存储器中，_____存取速度最快。

　　A．磁带　　　　　B．软盘　　　　　C．硬盘　　　　　　D．光盘

（4）在相同的计算机环境中，_____处理速度最快。

  A．机器语言 B．汇编语言 C．高级语言 D．面向对象的语言

（5）根据软件的功能和特点，计算机软件一般可分为_____。

  A．实用软件和管理软件   B．编辑软件和服务软件

  C．管理软件和网络软件   D．系统软件和应用软件

（6）电子计算机存储器可以分为_____和辅助存储器。

  A．外存储器 B．C 盘 C．大容量存储器 D．主存储器

（7）以下外设中，可作为输入设备的是_____。

  A．CRT 显示器 B．投影仪 C．键盘 D．打印机

（8）关于计算机硬件系统，下列_____说法是错误的。

  A．光驱属于主机，光盘本身属于外部设备

  B．硬盘和显示器都是计算机的外部设备

  C．键盘和鼠标器均为输入设备

  D．"裸机"是指不含任何软件系统的计算机

（9）下列软件中具有通用性的是_____。

  A．语言处理系统 B．操作系统 C．用户程序 D．信息管理系统

（10）以下语言中属于高级语言的是_____。

  A．VB 语言 B．机器语言 C．汇编语言 D．C 语言

（11）微型机的闪存与硬盘相比，硬盘的特点是_____。

  A．存储容量大 B．便于携带 C．价格高 D．外形美观

（12）关于微型计算机的知识，正确的说法是_____。

  A．外存储器中的信息不能直接进入 CPU 进行处理

  B．系统总线是 CPU 与各部件之间传送各种信息的公共通道

  C．微型计算机是以微处理器为核心的计算机

  D．光盘驱动器属于主机，光盘属于外部设备

（13）微型计算机中运算器的主要功能是进行_____。

  A．算术运算 B．逻辑运算 C．随机运算 D．初等函数运算

（14）键盘可用于直接输入_____。

  A．数据 B．文本 C．程序和命令 D．图形、图像

（15）以下外设中，既可作为输入设备又可作为输出设备的是_____。

  A．调制解调器 B．磁盘驱动器 C．键盘 D．CRT 显示器

3．简答题

（1）计算机的基本工作原理是"冯·诺依曼原理"，简述其原理。

（2）简述随机存储器 RAM 和只读存储器 ROM 的特点。

（3）计算机软件系统包括哪几部分？举例说明。

第3章 操作系统基础

操作系统是计算机软件中最重要的系统软件，从它控制所有计算机运行的程序并管理整个计算机的资源，是计算机裸机与应用程序及其用户之间的桥梁。

本章主要介绍操作系统的基本概念及使用，包括操作系统的定义、发展以及常用操作系统 Windows XP 的使用。

3.1 操作系统的基本概念

3.1.1 操作系统的定义

现代计算机系统通常拥有相当数量的硬件和软件资源，要将其有效地组织起来，有一类非常重要的计算机底层系统软件即操作系统（Operating System，OS）必不可少。操作系统的职能是负责管理和控制计算机的软硬件使其协调工作，合理地组织计算机的工作流程，并为用户提供一个良好的工作环境和友好的接口。它在资源使用者和资源之间充当着中间人的角色，在计算机裸机与应用程序及其用户之间架起了一道桥梁。

操作系统是一种大型的系统软件，其所扮演的角色极为重要。只有配置了操作系统，计算机系统才能体现出完整性和可利用性。有了操作系统，用户只需编写源程序即可实现大量、丰富的使用功能，而其他大量工作（如作业控制、并发活动之间的协调与合作、系统资源的合理分配和利用、信息的存取和保护、各类调度策略的定制、人机联机方式等）均由操作系统来完成，使整个计算机系统实现了高度自动化、高效率、高利用率、高可靠性。由此可见，操作系统是整个计算机系统的核心，是否能很好地使用计算机关键在于对操作系统的了解、掌握程度。

如图 3-1 所示，操作系统是对计算机硬件系统的首次扩充，直接运行在裸机上的第一个系统软件，而且只有在操作系统的支持下才能安装、运行其他软件。从用户的角度来看，只有在计算机硬件基础之上安装了操作系统的计算机才是一台真正可以使用的计算机；换句话说，没有安装操作系统的计算机对用户来说是不能使用的，无法在用户和计算机之间进行交流。

从中不难看出，操作系统是计算机软件系统中最基本的软件。其作用主要体现在以下两个方面：

1. 操作系统为用户提供了良好的界面

操作系统处于用户与计算机硬件系统之间，它能通过其内部极其复杂的综合处理，使一台无法使用的裸机为用户提供服务，用户可方便、安全、快捷、可靠地操纵计算机硬件和运行自己的程序。

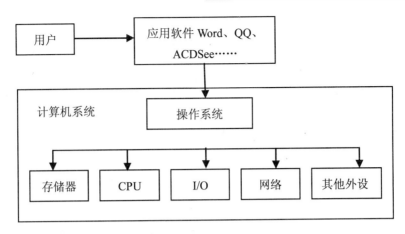

图 3-1　计算机操作系统功能图

2．操作系统是计算机系统资源的管理者

操作系统能对计算机硬件（CPU、存储器、I/O 设备等）及软件（数据、程序）资源进行统一管理、指挥、控制和分配，合理组织计算机的工作流程，提高计算机的性能，使有限的资源发挥最大的作用。

3.1.2　操作系统的功能

计算机系统的硬件资源主要有中央处理器、存储器、输入/输出设备，软件资源主要是以文件形式保存在外存储器中的各种数据、程序，因而从资源管理的角度来看，操作系统的功能主要分为如下 6 大部分。

1．处理器管理

在多任务操作系统支持下，一段时间内可以同时运行多个程序，而处理器只有一个，那么它是如何做到的呢？其实这些程序并非一直同时占用处理器资源，而是在一段时间内分享处理器资源，即操作系统的处理器管理模块按照某种策略将处理器不断分配给正在运行的不同程序。

处理器管理主要是对处理器的分配和运行管理，而处理器的分配和运行是以进程为基本单位的，因此通常将处理器管理称为进程管理。

有了这种处理器管理机制，在操作系统的支持下，计算机可以"同时"为用户做几件事情。例如，在 Windows 操作系统的支持下，用户可以一边下载数据文件，一边编辑源程序代码。

2．存储器管理

操作系统的存储器管理指的是对内存存储空间的管理。在计算机中，内存容量总是紧张的，是一种稀缺资源。在有限的存储空间中要运行并处理大量的数据，这就要靠操作系统的存储管理模块来控制。另外，对于多任务系统来讲，一台计算机上要运行多个程序，也需要操作系统来为每一个程序分配和回收内存存储空间。

存储器管理主要是为多个程序的运行提供良好的环境，完成对内存储器的分配、保护及扩充。

3．设备管理

设备主要指的是主机以外的所有输入/输出设备，还包括设备控制器、DMA 控制器、通道等支持设备。操作系统能为这些设备提供相应的设备驱动程序、初始化程序和设备控制程序等，使得用户不必详细了解设备及接口的技术细节，就可以方便地对这些设备进行操作。

主机和外部设备之间需要进行数据交换。外部设备种类繁多，型号复杂。不管从工作速度上看，还是从数据表示形式上看，主机和外设之间都有很大的差别。如何在主机和各种各样复杂的外设之间进行有效的数据传送，这是操作系统的输入/输出管理模块要解决的问题。

4．文件管理

以上 3 种管理都是对计算机硬件资源的管理，而文件管理则是对系统软件资源的管理，主要是为了提高文件存储空间的利用率，为文件访问和文件保护提供更有效的技术手段。

计算机内存是有限的，大量的程序和数据需要保存在外部存储设备中。这些程序和数据怎么保存和管理呢？通常是以文件的方式在外部存储器中进行保存和管理。

操作系统的文件管理模块将物理的外部存储器存储空间划分为一个个逻辑上的存储文件的子空间，这些子空间被称为目录。一个目录中可以保存文件（或称为数据文件），也可以保存目录（或称为目录文件），这就构成了一个多级的目录结构。在一个目录中，文件标识不能重复；在不同的目录中，文件标识可以相同。

5．用户接口

以上 4 种功能都是对系统资源的管理，没有涉及到计算机与用户的交互。为了方便用户使用计算机，操作系统还提供了友好的用户接口（用户界面），只需简单操作就能实现复杂的应用处理。一般来说，操作系统提供了两种接口。

☑ 程序接口：供用户通过程序方式进行操作。

☑ 命令接口：供用户通过交互命令方式进行操作。

6．作业管理

通常将需要计算机系统为用户所做的一件事情、要完成的一项工作称为一个作业（如数值计算、文档打印等）。对这些作业进行必要的组织和管理，可显著提高计算机的运行效率。

3.1.3 操作系统的分类

随着操作系统的不断发展，各种不同的分类标准层出不穷。例如，按用户界面可分为基于命令行的操作系统和基于图形用户界面的操作系统；按能支持的用户数可分为单用户操作系统和多用户操作系统；按系统的功能可分为批处理系统、分时操作系统、实时操作系统等。

下面以适用性为准，对操作系统进行分类。

按照适用性不同，计算机操作系统可分为以下 4 种基本类型。

1．批处理操作系统

在批处理操作系统的管理和控制下，计算机系统允许若干个程序同时运行，这样可以使计算机硬件系统的多个设备同时工作，大幅度提高系统的数据处理和数据传输能力，从而提高系统的工作效率。但为此付出的代价是，安装和使用批处理操作系统会使计算机系统的交互性大大降低，用户界面不够友好。

2．分时操作系统

在分时操作系统的管理和控制下，计算机系统允许多个用户通过计算机终端设备以交互式的方式同时使用。这种使用方式特别适合众多用户通过同一个计算机系统进行软件系统的开发、调试工作。由于计算机兼具高速运算性能和并行工作的特点，每个用户都觉得自己独占了整个计算机系统资源，用户很满意。但为此付出的代价是，安装和使用分时操作系统会使计算机系统的开销大大增加，工作效率大大降低。

3．个人计算机操作系统

个人计算机操作系统是个人计算机系统（通常是微型计算机）出现以后的产物，在某一时刻只能供一个用户使用。个人计算机操作系统又可分为单用户单任务操作系统和单用户多任务操作系统两种类型（所谓"多任务"是指在某个特定的时刻计算机系统中有不止一个程序处于运行状态）。在单用户单任务操作系统的支持下，某一时刻一台计算机只能供一个用户使用，而且在使用过程中不能有多个程序同时运行；而在单用户多任务操作系统的支持下，某一时刻一台计算机也只能供一个用户使用，但在使用过程中允许多个程序同时处于运行状态。

例如，MS-DOS、PC-DOS 等操作系统都属于单用户单任务操作系统；而 OS/2、Windows 98/2000/XP/2007 等操作系统都属于单用户多任务操作系统。

4．网络操作系统

为了支持计算机网络系统的正常、高效工作，网络操作系统的作用是非常重要的。一般来讲，网络操作系统除了具有传统操作系统的一些基本功能外，还应该具有一些网络软硬件的管理和控制、网络资源共享、网络信息传输、网络服务等相关功能。

例如，Netware、Windows Server、UNIX 等操作系统都属于网络操作系统。

3.2　操作系统的发展简史

在计算机的发展历程中，出现过许多不同的操作系统，其中最为常用的有 DOS、Mac OS、Windows、Linux、UNIX/Xenix 和 OS/2 等。下面就来介绍一些常见的计算机操作系统。

1．DOS 操作系统

自 1981 年问世至今，DOS（Disk Operating System）的版本不断更新，已从最初的 DOS 1.0 发展到最新的 DOS 8.0（Windows Me 系统）（纯 DOS 的最高版本为 DOS 6.22，之后出现的新版本 DOS 都是由 Windows 系统提供的，并不单独存在）。DOS 最初是微软公司为

IBM-PC 开发的操作系统，它对硬件平台的要求很低，因此适用性较广。

虽然 DOS 系统的版本不断更新，功能不断改进和完善，但其单用户、单任务、字符界面和 16 位的大格局仍然没有变化，因此它对于内存的管理始终局限在 640KB 的范围内。

2. Mac OS 操作系统

Mac OS 操作系统是美国 Apple 公司为其 Macintosh 计算机设计的一款操作系统。1984 年，装载 Mac OS 操作系统的 Macintosh 计算机正式推出。在当时的 PC 还只是 DOS 枯燥的字符界面时，Mac 率先采用了一些至今仍为人称道的技术，如图形用户界面、多媒体应用、鼠标等。Macintosh 计算机在出版、印刷、影视制作和教育等领域有着广泛的应用。

Mac OS 操作系统颠覆了原有的市场格局，影响深远，即使是当今操作系统的市场霸主——Microsoft Windows，在很多方面也有 Mac OS 的影子。最近 Apple 公司又发布了最先进的个人计算机操作系统——Mac OS X。

3. Windows 操作系统

从 1985 年微软宣布 Windows 1.0 的诞生到现在的 Windows 7，短短的 20 多年间，Windows 操作系统经历了一个从无到有、从低级到高级的发展过程，功能越来越强大，操作越来越方便，逐渐发展成当今操作系统领域的"巨无霸"。

（1）Windows 1.0～Windows 3.0

Windows 1.0 是 Microsoft 公司在 1985 年 11 月发布的一款用于个人计算机和服务器的第一代窗口式多任务系统，具有生动、形象的用户界面，功能强大，操作简捷。它的出现也标志着 PC 机开始进入图形用户界面时代。Windows 1.0 只是对 MS-DOS 的一个扩展，其本身并不是一款独立的操作系统，但确实提供了有限的多任务能力，并支持鼠标。

1987 年，Microsoft 公司推出了 Windows 2.0。这也是一款基于 MS-DOS 的操作系统，其最明显的变化是采用了图标和重叠式窗口的界面形式。除此之外，它还获得了一些重要应用软件的支持。例如，早期版本的 Word 和 Excel 就利用 Windows 作为用户界面。这对于 Windows 2.0 来说非常重要，其用途和市场都得到了大幅度扩展，并为 Windows 3.0 的成功做好了技术铺垫。不过，这个版本依然没有获得用户认可。

Windows 3.0 发布于 1990 年，是一个全新的 Windows 版本。它不仅拥有全新的外观，其保护和增强模式还能够更有效地利用内存。借助全新的文件管理系统和更好的图形功能，Windows PC 终于成为 Mac 的竞争对手，并获得了巨大成功。开发人员开始开发大量的第三方软件，这也是促使消费者购买 Windows 的一个重要原因。

（2）Windows 9x

1995 年，Microsoft 公司推出了 Windows 95。它摆脱了以往操作系统必须由 DOS 引导的限制，是一个完全独立的系统。同时，它在很多方面作出了进一步的改进，还集成了网络功能和即插即用（Plug and Play）功能，是一个全新的 32 位操作系统。Windows 95 使得 PC 和 Windows 真正实现了平民化。由于捆绑了 IE，Windows 95 成为用户访问互联网的门户。Windows 95 还首次引进了【开始】按钮和任务栏，目前这两种功能已成为 Windows 系统的标准配置。

Windows 98 发布于 1998 年。它只是 Windows 95 的改进版，并非一款新版操作系统，只不过提高了稳定性。它支持多台显示器和互联网电视，新的 FAT32 文件系统可以支持更大容量的硬盘分区。Windows 98 还将 IE 集成到了图形用户界面中，使得访问 Internet 资源就像访问本地硬盘一样方便，从而更好地满足了人们越来越多地访问 Internet 资源的需要。

（3）Windows 2000

Windows 2000 是 Microsoft 公司 2000 年 2 月发布的一款用于商业目的的 32 位操作系统，也是首款引入自动升级功能的 Windows 操作系统。它包括 4 个版本：Professional、Data Center Server、Advance Server 和 Server。

- ☑ Professional 版：专业版，用于工作站及笔记本电脑。它的原名就是 Windows NT 5.0 Workstation。
- ☑ Data Center Server 版：功能最强大的服务器版本，只随服务器捆绑销售，不零售。
- ☑ Advanced Server 和 Server 版：供一般服务器使用。

（4）Windows XP

Windows XP 于 2001 年 8 月 24 日正式发布。与以往不同，它没有按年份来命名，而是采用了全新的命名方式。其中字母 XP 是英文单词 Experience 的缩写，中文含义为体验，喻指 Windows XP 能为广大用户带来全新的数字化体验。Windows XP 的版本号是 5.1（也就是 Windows NT 5.1），最初只发行了两个版本，即专业版（Professional）和家庭版（Home Edition）。该系统采用 Windows 2000/NT 内核，运行非常可靠、稳定；用户界面焕然一新（拥有全新设计的用户界面，这也是自 Windows 95 以来，微软对 Windows 外观所做的最大一次调整），使用起来更加得心应手。此外，它还优化了与多媒体应用有关的功能；内建了极其严格的安全机制，每个用户都可以拥有高度保密的特别区域，尤其是增加了具有防盗版作用的激活功能。

Windows XP 对 Windows 2000 进行了很多人性化的更新，使其更适应家庭用户。它继承并升级了 Windows Me 中的很多组件，包括 Media Player、Movie Maker、Windows Messenger、帮助中心和系统还原等。此外，它还捆绑了 IE 6.0 和一个简单的防火墙，附加功能日趋丰富、实用。尤其值得一提的是，微软还为 Windows XP 编写了大量的硬件驱动程序，使得其兼容性有了进一步的提升。这一切都为 Windows XP 的成功奠定了基础，使其成为迄今为止最畅销的 Windows 操作系统。

（5）Windows Vista

回顾 Windows Vista 的发展历程，可谓"高开低走"。2006 年 11 月 30 日，采用全新图形用户界面的 Windows Vista 开发完成并正式批量生产。此后的两个月，Windows Vista 仅向 MSDN 用户、电脑软硬件制造商和企业客户提供。2007 年 1 月 30 日，Windows Vista 正式对普通用户出售。由于软、硬件厂商没有及时推出支持 Windows Vista 的产品，使其兼容性存在很大的问题。此后，有关它的负面消息满天飞，严重影响了其销售情况。时至今日，许多 Windows 用户仍然弃之不用，而坚持使用 Windows XP。就连微软 CEO 史蒂芬·鲍尔默也公开承认，Windows Vista 是一款失败的操作系统产品。

（6）Windows 7

Windows 7 于 2009 年 10 月 22 日由微软正式推出。它主要有以下几个版本：Starter（简易版）、Home Basic（家庭基础版）、Home Premium（家庭高级版）、Professional（专业版）、Enterprise（企业版）和 Ultimate（旗舰版）。Windows 7 的设计主要围绕 5 个重点——针对笔记本电脑的特殊设计、基于应用服务的设计、用户的个性化、试听娱乐的优化、用户易用性的新引擎。

Windows 7 的特点主要表现在以下几个方面：

☑ 更易用。Windows 7 作了许多方便用户的设计，如快速最大化、窗口半屏显示、跳跃列表、系统故障快速修复等。

☑ 更简单。Windows 7 将会让搜索和使用信息更加简单（包括本地、网络和互联网搜索功能），直观的用户体验将更加高级。

☑ 更安全。Windows 7 改进了安全和功能的合法性，还把数据保护和管理扩展到外围设备。它改进了基于角色的计算方案和用户账户管理，在数据保护和固有冲突之间搭建了沟通桥梁，同时还开启了企业级的数据保护和权限许可。

☑ 更低的成本。Windows 7 具有无缝操作系统、应用程序和数据移植功能，并简化了 PC 供应和升级，进一步朝完整的应用程序更新和补丁方面努力。

☑ 更好的连接。Windows 7 进一步增强了移动工作能力，无论何时、何地、任何设备都能访问数据和应用程序。其无线连接、管理和安全功能得到了进一步提升，拓展了多设备同步、管理和数据保护功能。此外，Windows 7 还带来了灵活的计算基础设施，包括胖、瘦、网络中心模型。

4．UNIX

1969 年，UNIX 系统在贝尔实验室诞生，最初在中小型计算机上运行。最早移植到 80286 微机上的 UNIX 系统，称为 Xenix。Xenix 系统的特点是短小精干，系统开销小，运行速度快。UNIX 为用户提供了一个分时的系统以控制计算机的活动和资源，并提供了一个交互、灵活的操作界面。UNIX 被设计为能够同时运行多个进程，支持用户之间共享数据。

UNIX 是一种发展比较早的操作系统，具有良好的可移植性、安全性和可靠性，可运行在各种不同类型的计算机平台上，是一个交互式、多用户、多任务的主流操作系统之一。

5．Linux

Linux 是当今电脑界一个耀眼的名字，它是目前全球最大的一个自由免费软件，其本身是一个功能可与 UNIX 和 Windows 相媲美的操作系统，具有完备的网络功能，它与 UNIX 完全兼容，具有 UNIX 最新的全部功能和特性，因此许多用户不再购买昂贵的 UNIX，转而投入 Linux 等免费系统的怀抱。Linux 操作系统也是自由软件和开发源代码发展中最著名的例子。它是一种源代码开放的操作系统，用户可以通过因特网免费获取 Linux 及其生成工具的源代码，然后进行修改，建立一个自己的 Linux 平台，开发其软件。

Linux 得名于计算机业余爱好者 Linus Torvalds，其源程序在 Internet 网上公开发布，因此，引发了全球电脑爱好者的开发热情，许多人下载该源程序并按自己的意愿完善某一方面的功能，再发回网上，Linux 也因此被雕琢成为一个全球最稳定的、最有发展前景的操作系统。曾经有人戏言，要是比尔·盖茨也把 Windows 的源代码作同样的处理，现在

Windows 中残留的许多 bug 早已不复存在，因为全世界的电脑爱好者都会成为 Windows 的义务测试和编程人员。

Linux 操作系统具有如下特点：

（1）它是一款免费的软件，可以自由安装并任意修改软件的源代码。

（2）Linux 操作系统与主流的 UNIX 系统兼容，这使得它一出现就有了一个很好的用户群。

（3）支持几乎所有的硬件平台，包括 Intel、680x0、Alpha、Mips 等系列，并广泛支持各种外围设备。

3.3　Windows XP 操作系统

3.3.1　Windows XP 的桌面

桌面是用户登录 Windows XP 系统后看到的第一个界面，它是用户和计算机进行交流的入口。如图 3-2 所示，桌面主要由【开始】按钮、任务栏、桌面图标和桌面背景 4 部分组成。

💡 提示：严格来说，【开始】按钮是任务栏的组成部分之一，但由于其比较特殊、重要，故单独列出来讲解。

1.【开始】按钮

【开始】按钮是运行 Windows XP 应用程序的入口，也是执行程序最常用的方法。若要启动程序、打开文档、改变系统设置、查找特定信息等，都可以用鼠标单击该按钮，然后执行相应的命令。

单击【开始】按钮，弹出如图 3-3 所示的【开始】菜单。

图 3-2　Windows XP 桌面　　　　　　　　　　图 3-3　【开始】菜单

2．任务栏

任务栏位于桌面最下方，主要由【开始】按钮、快速启动栏、应用程序区和托盘区等组成。其中，快速启动栏中存放的是最常用程序的快捷方式，并且可以按照个人喜好拖动更改；应用程序区是进行多任务工作时最主要的区域之一，可以显示大部分正在运行的程序窗口；托盘区则是通过各种小图标形象地显示计算机软硬件的一些重要信息，如杀毒软件、网络连接的状态，以及时间日期等信息。

3．桌面图标

每一个桌面图标都代表着一个程序或文件，用鼠标双击图标就可以运行相应的程序或打开相应的文件。桌面图标实际上是程序或文件的一种快捷操作方式。

4．桌面背景

打开计算机并登录到 Windows 之后看到的主屏幕区域的背景图片。

3.3.2　Windows XP 的基本操作

1．键盘操作

键盘通常分为 4 个区，分别是功能键区（F1～F12）、打字键区、光标控制区和数字键区。

- ☑ 功能键区：设置了 F1～F12 共 12 个功能键，其功能因不同的软件而异。
- ☑ 打字键区：其中按键的布局与打字机类似，包括数字键 0～9、字母键 A～Z、各种特殊符号键以及控制键 Esc、Ctrl、Shift、Alt、Enter、Space 等，主要用于输入各种文字及符号。
- ☑ 光标控制区：设置了控制光标移动的各个键，包括光标移动键（←、→、↑、↓）、Home 移到同行最前、End 移到同行最后和屏幕翻页键 PageUp、PageDown 等。
- ☑ 数字键区：又称为小键盘区，主要为单手录入数字提供方便。其中的一些键有双重功能：一是代表数字，二是代表光标控制键等。这两种功能的转换键是 Num Lock 键，按此键可以使其上方的 Num Lock 指示灯亮或者灭。灯亮时，小键盘用来输入数字和符号；灯灭时，小键盘用来控制光标。

另外，注意以下几个特殊键。

- ☑ Enter 键：也叫回车键。按下此键表示确定或换行。
- ☑ Shift 键：上档控制键，部分按键上印有两种符号，要输入该键的上部符号时，需先按住 Shift 键，再按该键。此外，按 Shift 键时再按字母键，可使输入的字母进行大小写转换。
- ☑ Ctrl 键：也叫控制键，一般和其他键组合使用，记为 Ctrl+其他键，如复制命令的快捷键 Ctrl+C。
- ☑ Alt 键：交替换档键，一般和其他键组合成特殊功能键或符号控制键，如 Alt+F4 键。
- ☑ Tab 键：制表定位键。一般按此键可使光标移动 2 字节的位置，有时可使光标移动到下一个定位点。

☑　Delete 或 Del 键：删除键，用来删除当前光标位置的后一个字符。

☑　Backspace 键：退格键，用来删除当前光标位置的前一个字符。

☑　Insert 键：插入/改写状态切换键，用来转换插入与改写状态。

☑　Caps Lock 键：大写字母锁定键，用来转换英文字母的大小写状态。当处于大写状态时，键盘右上角的 Caps Lock 指示灯会亮。

2．鼠标操作

要灵活使用 Windows，首先要学会操作鼠标。由于 Windows 采用图形用户界面，使用鼠标可以快速、直观地操作界面上的各种对象。若没有鼠标而仅仅靠键盘的话，虽说也能使用 Windows，但要记住各种操作热键，难度较大。

☑　指向：使鼠标指针指向数据对象的操作。Windows 的大多数数据对象被鼠标“指向”时，都会有反应。在传统操作风格中，指向动作往往是鼠标其他动作如单击、双击或拖动的先行动作。

☑　单击：一般指单击鼠标左键。单击多用于选项的选取；如果要执行多项选择，可以在单击的同时按住 Ctrl 或 Shift 键。

☑　右击：即单击鼠标右键。一般来说，右击用于弹出选定对象的快捷菜单。

☑　双击：快速连续两次单击鼠标左键，一般用来执行命令。

☑　拖动（或拖曳）：按住鼠标左键的同时移动鼠标的动作。

☑　三击：快速连续 3 次单击鼠标左键。在某些 Windows 应用程序（如 Word）中，可通过三击选定整个段落，或在选定区选定整个文档等。

在 Windows 中，鼠标指针有着各种不同的符号标记。鼠标指针的形状、名称及含义如表 3-1 所示。

表 3-1　鼠标指针的形状、名称及含义

形　状	名　称	含　义
⩗	标准选择指针	选择操作对象和区域
⩗?	帮助指针	单击操作对象，得到帮助信息
⩗⌛	后台操作指针	后台正在操作
⌛	沙漏形指针	计算机正在操作，用户需要等待
I	I 形指针	光标指示编辑数据的插入位置
⊘	禁止指针	指向的操作被禁止
↔ ↘	双向箭头	边框线沿箭头指向拖动缩放，斜向为等比例缩放

3．窗口及其操作

窗口指用于查看应用程序或文档等信息的一块矩形区域。Windows 中有应用程序窗口、文件夹窗口等类型。在同时打开几个窗口时，有“前台”和“后台”窗口之分。用户当前操作的窗口，称为活动窗口（前台窗口），其标题栏呈高亮反显；其他窗口则称为非活动窗口（后台窗口），其标题栏呈浅色显示。

（1）窗口的组成

在 Windows XP 中，当打开一个文件或者应用程序时，都会出现一个窗口。下面以 Windows 系统提供的【我的电脑】窗口为例来了解窗口的组成。如图 3-4 所示，该窗口主要由标题栏、菜单栏、工具栏、工作区域和状态栏等几部分组成。

图 3-4 Windows XP 窗口

- ☑ 标题栏：位于窗口的最上方，标明了窗口的名称。左侧有控制菜单按钮，右侧有【最小化】、【最大化/还原】及【关闭】按钮。
- ☑ 菜单栏：在标题栏的下面，由【主件】、【编辑】、【查看】、【收藏】、【工具】和【帮助】6 个菜单项组成，提供了用户在操作过程中要用到的各种命令。
- ☑ 工具栏：提供了一些常用菜单命令的快捷方式按钮。
- ☑ 工作区域：在窗口中所占的位置最大，显示了应用程序界面或文件中的全部内容。
- ☑ 滚动条：当工作区域的内容太多不能全部显示时，为方便用户查看，窗口中将自动出现水平或者垂直滚动条。
- ☑ 状态栏：位于窗口的最下方，显示了当前操作对象的一些基本情况。

（2）窗口的基本操作

- ☑ 打开窗口：双击待打开的程序图标。
- ☑ 关闭窗口：关闭窗口的常用方式有以下 5 种。
  - ➢ 单击标题栏上的【关闭】按钮。
  - ➢ 双击控制菜单图标。
  - ➢ 单击控制菜单图标，在弹出的下拉菜单中选择【关闭】命令。
  - ➢ 使用 Alt+F4 组合键。
  - ➢ 在任务栏上右击该窗口的按钮，然后在快捷菜单中选择【关闭】命令。
- ☑ 移动窗口：当窗口没有最大化时，拖动窗口标题栏即可将其移动至其他位置。
- ☑ 缩放窗口：把鼠标放在窗口的水平或垂直边框或任意角上拖动，可以改变窗口的宽度或高度。
- ☑ 最大化、最小化、还原窗口：单击相应的按钮，可对窗口进行最大化、最小化和还原操作。

单击标题栏上的【最小化】按钮，窗口会以按钮的形式缩小到任务栏，从而节省桌面空间。

☑ 单击标题栏上的【最大化】按钮，窗口将铺满整个桌面。此时不能再移动或者缩放窗口，而且【最大化】按钮将变为【还原】按钮。此时若想恢复窗口打开时的初始状态，单击此【还原】按钮即可。

☑ 多窗口切换：在 Windows 桌面上可以打开多个窗口，但活动窗口只有一个。切换窗口就是将非活动窗口切换成活动窗口，其常用方法有以下几种。

   ➢ 在任务栏上单击此窗口对应的任务按钮。

   ➢ 单击非活动窗口的任意可见部分。

   ➢ 按 Alt+Tab 组合键也可以进行切换。

☑ 排列窗口：打开若干个窗口时，可以层叠或平铺这些窗口。操作方法为：在任务栏空白处单击鼠标右键，在弹出的快捷菜单中可以选择 3 种窗口排列方式，即层叠窗口、横向平铺窗口和纵向平铺窗口。

◀)) 注意：关闭一个窗口，就是关闭一个打开的文档或停止一个正在执行的程序；最小化一个窗口后，该窗口仍是打开或正在运行的，只不过打开的或运行的位置由前台移到了后台，在桌面的任务栏上能找到已打开窗口的最小化图标，单击该图标就能将窗口还原，恢复到前台。

4. 对话框操作

对话框是计算机与用户之间最常用的人机对话方式之一，在其中用户需要输入、回答或选择一些项目与信息，使命令能够继续执行（单击【确定】按钮）或者不执行（单击【取消】按钮）。

对话框的组成与窗口有许多相似之处，例如都有标题栏；但对话框比窗口更侧重于与用户的交流，而且它只能移动和关闭，而不能像窗口那样进行缩放和最小化。对话框中装满了各种各样有趣的元素，如图 3-5 所示就是一个基本的对话框。

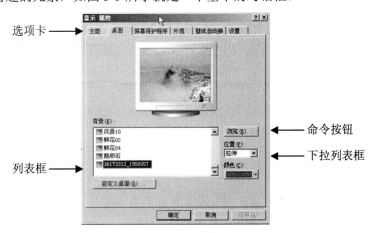

图 3-5 对话框中的基本元素

☑ 选项卡：一个选项卡就是一类主题信息，Windows 将对话框中人机交流的项目分类成不同的主题信息放在不同的选项卡中，单击标签可在不同的选项卡间切换。

☑ 文本框：用于显示信息和供用户输入文本。

☑ 列表框：列出所有的可选项目，用户可以鼠标单击选定其中的项目。当项目比较多时，列表框会出现滚动条。

☑ 下拉列表框：通常只显示一项，而将其余各项隐藏起来，单击右侧的下拉箭头即可显示所有可供选择的项目。

☑ 复选框：外观呈矩形，允许多项选择。当某复选框被选中后，在其左侧方框中会出现"√"；未选中者其矩形框中为空。

☑ 单选按钮：是指选择具有唯一性，即在一组选项中只能选中一个。通过鼠标单击进行选定，选定的单选按钮内有一个圆点。

☑ 命令按钮：外观呈圆角矩形并且带有文字的按钮，代表某种操作。常用的命令按钮有【确定】、【取消】、【应用】等。如果命令按钮呈暗灰色，表示该按钮不可用；如果命令按钮后有省略号"…"，表示单击该命令按钮将打开一个对话框。

5. 菜单操作

在 Windows 系统中，菜单是一种用结构化方式组织的操作命令的集合，有利于用户综合了解系统的性能。通过菜单的层次布局，相应的系统功能才能有条不紊地为用户所接受，操作起来更加直观、简单。在 Windows XP 中，主要有 4 种菜单，即【开始】菜单、应用程序窗口的主菜单及其下拉菜单、窗口的控制菜单以及对象的快捷菜单。

常用的菜单操作分别介绍如下。

☑ 打开菜单：各种菜单都有其对应的打开方式。

➢ 【开始】菜单：用鼠标直接单击【开始】按钮。

➢ 控制菜单：单击标题栏最左边的图标或用鼠标右击标题栏上任何位置。

➢ 主菜单及其下拉菜单：单击菜单项或同时按下 Alt 键和该菜单项右边的英文热键字母。

➢ 快捷菜单：用鼠标右击对象，即可打开作用于该对象的快捷菜单。

☑ 消除菜单：打开菜单后，如不想从中选择命令或选项，用鼠标单击菜单以外的任何地方或按 Esc 键即可。

☑ 菜单中的命令

一个菜单中包含若干个命令，其中某些命令带有一些特殊的符号，Windows 规定其有着特定的含义。例如，暗淡的命令表示不可选用；带省略号的表示执行该命令后将打开一个对话框；前有"√"表示该命令有效，再次选择时"√"消失，此命令将不再起作用，带有"·"的表示在该组菜单中有且只有一个选项能被选中；带黑三角箭头的表示该命令含有下一级菜单，鼠标指向时会弹出级联菜单；带组合键（快捷键）的，表示按组合键直接执行相应的命令，不必通过菜单操作。

3.3.3　文件和文件夹

1．文件和文件夹的概念

　　文件是按一定格式存储在外存储器中的信息集合，是操作系统中基本的存储单位。文件包括程序文件和数据文件两类。数据文件一般必须和一定的程序文件相联系才能起作用，如图形数据文件必须和一个图形处理程序相联系才能看到图形，声音数据文件必须和一个声音播放程序相联系才能听到声音等。每个文件都被赋予了一个主文件名，并且属于一种特定的类型，这种类型用扩展名来标识。文件名应由主文件名和扩展名两部分组成，格式为"主文件名.扩展名"。

　　为了便于分类管理成千上万的文件，计算机把同类或相关的文件集中在一起存放在文件夹中。文件夹是系统组织和管理文件的一种形式，可以极大地方便用户查找、管理、维护和存储文件。它既可以包含文件，也可包含下一级文件夹。在文件夹中创建子文件夹，即建立多层文件夹后，文件夹的排列就像一颗倒置的树。在 Windows XP 中就是采用树形结构对文件及文件夹进行管理，如图 3-6 所示。【我的电脑】窗口和 Windows 资源管理器是 Windows XP 提供的用于管理文件和文件夹的工具，利用它们可以显示文件及文件夹的相关信息。

图 3-6　Windows 系统文件夹的树形结构

2．文件及文件夹的命名

（1）文件及文件夹的命名规则

☑　文件名或文件夹名最长可由 255 个字符组成，但实际操作时一般不超过 20 个字符，名字太长不便于记忆。

☑　文件名中可以使用多个分隔符"."，以最后一个分隔符后面部分作为扩展名。

☑　文件名或文件夹名不区分大小写。

☑　文件名允许使用空格、汉字（每个汉字当作 2 个字符）。

☑　文件名中不能使用以下字符：/、\、:、*、?、"、<、>、|。

（2）文件的扩展名

　　按照文件存储内容的种类及存储格式，文件分成不同的类型。文件的类型一般由扩展名表示。

　　可以使用多个分隔符命名，如 mybook.english.page20.example.doc，它由 5 部分组成，最后一部分是扩展名，而前 4 个部分看作是主文件名，主要是帮助用户记忆文件内容或用途。一般来说，文件或文件夹命名要做到"见名思义"，而且在同一文件夹中文件或文件夹具有唯一性，即不能有相同名称的文件或文件夹。表 3-2 列出了一些常见的文件扩展名。

表 3-2　常见的文件扩展名

扩展名	文件类型及含义
BMP	位图文件
JPG、GIF	图形文件
ZIP、RAR	压缩文件
DOC、DOCX	文档文件，一般是 Word 字处理软件使用的存储数据文件
XLS、XLSX	Excel 工作簿文件，是 Excel 电子表格使用的存储数据的文件
PPT、PPTX、PPS	Powerpoint 相关文件
MP3、WAV、AVI	影音文件
DBF	数据库文件
EXE、COM	命令（可执行文件）文件，可直接运行
TXT	文本文件，由可现实的 ASCII 码字符组成
HTML	超文本文件，WEB 网页文件
DLL	动态链接文件（程序文件）

（3）盘符、路径与文件标识符

☑　盘符：通常计算机配置有一个或多个磁盘驱动器和一个光盘驱动器，每个驱动器都有一个名称。例如，一个硬盘分区的编号为 C，若硬盘还有其他分区，则分别称为 D、E……而光驱的编号一般排在硬盘编号之后。盘符一般表示为驱动器名称后面加冒号，如 "C:"。

☑　路径：要准确地指定一个文件，就必须指出该文件存放在磁盘中的位置，即文件在文件夹树形结构中的位置。该位置由一组文件夹名（文件夹名之间用 "\" 分隔）表示，称为路径。路径可分为绝对路径和相对路径。

☑　文件标识符：由盘符、路径、文件名组成的，用于准确标识一个文件的符号。例如，文件 1.jpg 存放在 "我的电脑" 中的 C 盘下的 Documents and Settings 文件夹的子文件夹 My Pictures 中，则该文件的标识符可以表示成 C:\Documents and Settings\My Pictures\1.jpg。

3．文件和文件夹的管理

文件和文件夹的管理操作主要是指文件或文件夹的选定、打开、建立、删除、恢复、复制、重命名、查找、建立快捷方式和属性设置等。以上操作主要是在【我的电脑】窗口、资源管理器、【查找】窗口中进行。

（1）创建文件或文件夹

通过【我的电脑】进入希望放置新文件或文件夹的路径，在空白工作区内单击鼠标右键，在弹出的快捷菜单中选择【新建】→【文件夹】命令或某种类型的文件。

（2）文件的选定

在 Windows 中，一般是先选定后操作。对文件成文件夹的选定有以下几种方式：

☑　选定单个文件或文件夹：单击鼠标左键。

☑　选定多个连续的文件或文件夹：单击所要选定的第一个文件或文件夹，然后按住 Shift 键，单击最后一个文件或文件夹。

☑　选定多个不连续的文件或文件夹：单击所要选定的第一个文件或文件夹，然后按住 Ctrl 键，单击其他要选择的文件或文件夹。

☑　选定全部文件或文件夹：选择【编辑】→【全选】命令或者直接按 Ctrl+A 组合键。

（3）移动和复制文件或文件夹

移动文件是指将选定的文件从所在的文件夹（称为源位置）转移到另一个文件夹（称为目的位置）中，被转移的文件在原位置中不复存在。复制文件是指在目的文件夹中创建一个与源文件完全相同的文件，而在源文件夹中该文件依然存在。

在资源管理器中进行移动、复制文件等操作是很方便的。主要有两种方法：鼠标拖曳法、剪贴板法。

☑　鼠标拖曳法：拖动源文件，直至目的位置再松开。如果源位置和目地位置在同一个硬盘分区内，则该方法实现的是移动操作，否则实现的是复制操作。如果按住 Ctrl 键的同时拖动则实现复制操作。

☑　剪贴板法：剪贴板（Clipboard）是 Windows 用来暂时存放信息的区域，可以存放各种格式的信息。剪贴板的使用原理是：先将信息复制到临时存储区，然后再把临时存储区的信息插入到指定位置。移动过程为【剪切】→剪贴板→【粘贴】；复制过程为【复制】→剪贴板→【粘贴】。

（4）重命名文件或文件夹

选定要重命名的文件或文件夹，单击鼠标右键，在弹出的快捷菜单中选择【重命名】命令，然后输入新名称即可。

（5）删除文件或文件夹

选定需要删除的文件或文件夹，按 Delete 键即可；也可在选定的文件或文件夹上单击鼠标右键，在弹出的快捷菜单中选择【删除】命令。

📢 注意：以上方法为直接删除，即删除后的文件或文件夹将被放在回收站中，此后用户可选择将其彻底删除或还原到原来的位置；但是如果在以上删除操作的同时按住 Shift 键，则所删除的文件或文件夹将不会放到回收站中，而是被永久删除了。

（6）查看或修改文件或文件夹的属性

选定要查看或修改的文件或文件夹，单击鼠标右键，在弹出的快捷菜单中选择【属性】命令，打开"属性"对话框。在该对话框中进行相应的修改，然后单击【应用】按钮，则不关闭对话框即可使所做的修改生效；如果单击【确定】按钮，则关闭对话框并保存所做修改。

（7）搜索文件或文件夹

①在【开始】菜单中选择【搜索】→【文件和文件夹】命令，打开如图 3-7 所示的对话框。

②在【要搜索的文件或文件夹名为】文本框中，输入文件的名称。

③在【包含文字】文本框中输入文件可能包含的文字。

④在【搜索范围】下拉列表框中选择要搜索的磁盘区域。

⑤单击【立即搜索】按钮，即可开始搜索，稍后系统会将搜索的结果显示在右侧窗格中。

⑥若要停止搜索，可单击【停止搜索】按钮。

⑦双击搜索后显示的文件或文件夹，即可打开该文件或文件夹。

📢 注意：在不确定欲搜索的文件名时，可以采用含有通配符的模糊搜索。Windows 系统中主要有"？"和"＊"两种通配符，前者表示任意一个字符，后者表示 0 个或任意多个字符。例如，搜索磁盘中所有以 abc 开头的文件，则可以写成 abc＊。

（8）文件快捷方式的设置与使用

设置快捷方式包括设置桌面快捷方式和设置快捷键两种。设置桌面快捷方式就是在桌面上建立各种应用程序、文件、文件夹、打印机或网络中的计算机等的快捷方式图标，通过双击该快捷方式图标即可快速打开该项目。设置快捷键就是设置各种应用程序、文件、文件夹、打印机等的快捷键，通过按该快捷键即可快速打开该项目。

①创建桌面快捷方式

用户可以为一些经常使用的应用程序、文件、文件夹、打印机或网络中的计算机等创建桌面快捷方式，这样在需要打开这些项目时，就可以通过双击桌面快捷方式快速打开了。

设置桌面快捷方式的具体操作如下：选定要创建快捷方式的应用程序、文件、文件夹、打印机或计算机等，单击鼠标右键，在弹出的快捷菜单中选择【发送到桌面快捷方式】命令。

②设置快捷键

在创建了桌面快捷方式后，用户还可以为其设置快捷键。用户在打开这些项目时，只需直接按快捷键即可将其快速打开。

设置快捷键的具体操作如下：右击要设置快捷键的项目，在弹出的快捷菜单中选择【属性】命令，在打开的【属性】对话框中选择【快捷方式】选项卡，然后进行相应的设置，如图 3-8 所示。

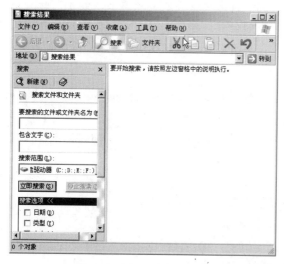

图 3-7　【搜索结果】窗口

图 3-8　设置快捷键

注意：快捷方式和快捷键并不能改变应用程序、文件、文件夹、打印机或网络中计算
机的位置；它也不是副本，而是一个指针，使用它可以更快地打开项目；删除、
移动或重命名快捷方式均不会影响原有的项目。

3.3.4　Windows 系统设置与维护

1．控制面板的设置

控制面板是 Windows 图形用户界面的一部分，可以通过【开始】菜单访问。它允许用
户查看并操作基本的系统设置和控制，如添加硬件、添加/删除软件、控制用户账号、更改
辅助功能选项等。在 Windows XP 系统中选择【开始】→【设置】→【控制面板】命令，
即可打开【控制面板】窗口，如图 3-9 所示。

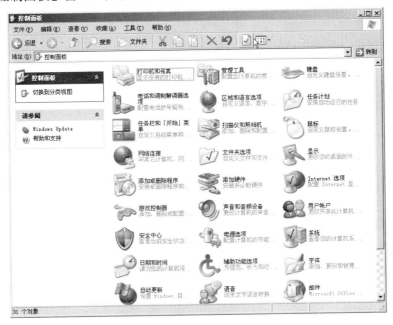

图 3-9　【控制面板】窗口

从图 3-9 中可以看出，控制面板的功能设置很多，下面介绍几种比较常用的系统设置
与维护。

（1）显示属性设置

在【控制面板】窗口中双击【显示】图标，打开如图 3-10 所示的【显示 属性】对话
框。该对话框中共有 5 个选项卡，分别为【主题】、【桌面】、【屏幕保护程序】、【外观】和
【设置】。

    ☑　主题：主题决定了桌面的总体外观，当选择一个新的主题后，桌面、屏幕保护程
        序、外观、显示等的设置也将随之改变。一般来说，用户如要根据自己的喜好设
        置显示属性，首先应选择主题。

    ☑　桌面：用户可以选择系统提供的桌面背景、设置桌面的颜色，也可以自定义桌面，
        使用自己设置的图片背景。

☑ 屏幕保护程序：屏幕保护程序是在一段指定的时间内没有使用计算机时，屏幕上出现的移动的位图或图片，可以减少屏幕的损耗并保障系统安全。在此选项卡中，用户还可以设置屏保密码保护。

☑ 外观：用户可以选择自己喜欢的外观方案，并且修改其中各项的颜色、大小和字体等属性。

☑ 设置：用户可以对显示器的颜色质量和屏幕分辨率等。

图 3-10　【显示 属性】对话框

（2）设置多用户使用环境

在多用户环境中，不同用户以不同身份登录、使用同一台计算机，系统会区别对待，根据用户身份的设置予以反应，而不会影响其他用户的设置。在【控制面板】窗口中双击【用户账户】图标，在打开的如图 3-11 所示【用户账户】对话框中可进行账户更改、密码设置、图片更改等操作。

（3）添加和删除应用程序

一般来说，如果要添加或删除应用程序，可以使用添加或删除程序功能来完成。在【控制面板】窗口中双击【添加或删除程序】图标，在打开的如图 3-12 所示【添加或删除程序】窗口中可以添加新程序、更改或删除程序、添加或删除 Windows 组件等。

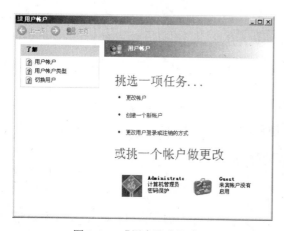

图 3-11　【用户账户】窗口

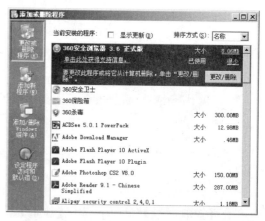

图 3-12　【添加或删除程序】窗口

（4）区域和语言选项设置

在【控制面板】窗口中双击【区域和语言选项】图标，打开【区域和语言选项】对话框，如图 3-13 所示。在该对话框中选择【语言】选项卡，单击【详细信息】按钮，弹出如图 3-14 所示的【文字服务和输入语言】对话框。在该对话框中可以对系统安装的输入法进行管理，包括添加或删除等。

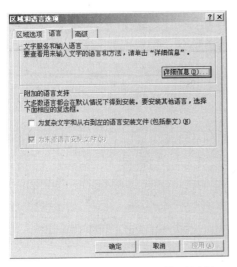

图 3-13 【区域和语言选项】对话框 　　　图 3-14 【文字服务和输入语言】对话框

（5）日期和时间属性设置

在【控制面板】窗口中双击【日期和时间】图标，在弹出的【日期和时间 属性】对话框中可对日期、时间及时区等进行修改，如图 3-15 所示。

2. 常用的系统维护

磁盘的属性通常包括磁盘的类型、文件系统、空间大小、卷标等常规信息，以及工具、硬件、共享、安全和配额等信息。下面介绍如何查看磁盘的属性、格式化磁盘，以及整理磁盘碎片。

图 3-15 【日期和时间 属性】对话框

（1）查看磁盘的属性

磁盘的常规属性包括磁盘的类型、文件系统、空间大小和卷标等信息。具体操作方法如下：

右击要查看常规属性的磁盘图标，在弹出的快捷菜单中选择【属性】命令，在打开的【本地磁盘 属性】对话框中选择【常规】选项卡即可，如图 3-16 所示。

若要查看磁盘的硬件信息或要更新驱动程序，则可以在该对话框中选择【硬件】选项卡。

（2）格式化磁盘

格式化磁盘就是将磁盘划分成一个个小区域并编号，供计算机储存，读取数据。硬盘格式化分为高级格式化和低级格式化。高级格式化是指在 Windows XP 操作系统下对硬盘进行的格式化操作；低级格式化则是指在高级格式化操作之前，对硬盘进行的分区和物理格式化。

格式化磁盘的具体操作如下：选择要进行格式化操作的磁盘，右击，在弹出的快捷菜单中选择【格式化】命令，打开如图 3-17 所示的对话框。在该对话框中对【容量】、【文件

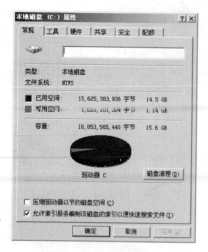

图 3-16　磁盘常规属性

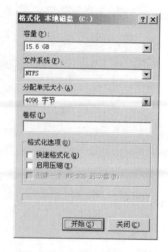

图 3-17　【格式化】对话框

系统】、【分配单元大小】、【卷标】以及【格式化选项】进行设置后，单击【开始】按钮，即可开始格式化。

（3）磁盘碎片整理

一个文件可能占据多个扇区，由于不断地有新文件存入、旧文件删除，可能导致多个扇区出现不连续的情况，这种散布在已被文件占用的存储空间之间的空扇区便是"磁盘碎片"。大量磁盘碎片的存在将影响磁盘的读写速度、运行性能。

Windows 使用磁盘碎片整理程序来解决磁盘文件碎片问题，它能把磁盘碎片重新组合、连续摆放，使文件系统在井然有序的磁盘环境下工作。

启动磁盘碎片整理程序的具体操作如下：

①右击需要整理的盘符，如 C 盘，在弹出的快捷菜单中选择【属性】命令，打开【本地磁盘(C:)属性】对话框。选择【工具】选项卡，单击【开始整理】命令按钮，打开如图 3-18 所示的【磁盘碎片整理程序】窗口。

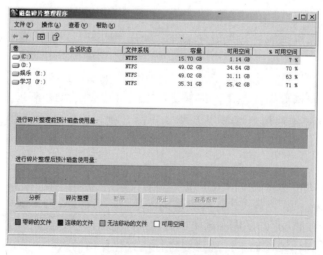

图 3-18　【磁盘碎片整理程序】窗口

②在该窗口中选择需要整理的磁盘，单击【碎片整理】按钮，即可开始整理磁盘碎片。

此外，也可以先单击【分析】按钮，待系统对所选
择的驱动器是否需要整理碎片进行分析后，再作决
定（分析完成后，将弹出如图 3-19 所示的提示对话
框，提示用户当前的驱动器是否需要进行磁盘碎片
整理）。磁盘碎片整理往往需要很长时间，需耐心等
待，或在休息时间进行整理。

图 3-19　提示对话框

💡 **提示**：除了磁盘碎片整理程序，用户也可通过 Windows 自带的磁盘清理程序清理磁盘
中的一些临时文件。Internet 缓存文件和垃圾文件，以释放更多的磁盘空间，提
高系统性能。

3.3.5　附件的使用

Windows XP 系统为用户提供了大量的实用附件，可以帮助用户完成简单的文字处理、
图像编辑、计算器、多媒体、游戏和娱乐等常用任务。单击【开始】按钮，在弹出的菜单
中选择【所有程序】→【附件】命令，在弹出的子菜单中列出了"辅助工具"、"通讯"、"系
列工具"、"娱乐"等 15 个附件程序，如图 3-20 所示。

1．"记事本"与"写字板"

"记事本"（扩展名为.txt）是一个基本的文本编辑器，用户可以使用它编辑简单的文档
或创建 Web 页。此外，它还具有"记事"功能，如在文档第一行输入 ".LOG"，下次打开
该文档时将自动生成文档创建时间，如图 3-21 所示。

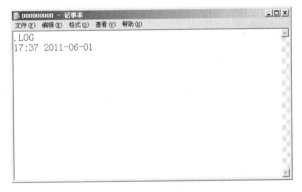

图 3-20　附件程序　　　　　　　　　　　　　　图 3-21　记事本

"写字板"（扩展名为.rtf）也是一个文本处理程序，功能与"记事本"类似，主要区别
是它比"记事本"能提供更强大的格式编辑功能。

2．画图

"画图"程序是一种画图工具，如图 3-22 所示，可以用来创建、打印、存储和处理黑
白或彩色的图形，并将这些图形保存为位图文件（.bmp 文件），功能相当强大，使用方便、
灵活。

3. 计算器

使用"计算器"就像在使用一个普通的电子计算器一样，只不过是在计算机上用键盘和鼠标进行数字与功能操作。"计算器"包括两种，即标准计算器和科学计算器。使用标准计算器能进行简单的算术计算，而科学计算器能进行复杂的函数运算和统计计算，如图 3-23 所示。

图 3-22 【画图】窗口

图 3-23 科学计算器

习 题 三

1. 填空题

（1）Windows XP 操作系统支持的基本鼠标操作有_____、_____、_____和_____。

（2）Windows XP 的 3 种窗口类型为：_____、_____和_____。

（3）从用户的观点来看，操作系统提供了_____。

（4）在 Windows 系统下，要处理一个磁盘文件，则必须将该文件读到_____。

（5）在 Windows 的控制菜单中，最小化是指_____。

2. 选择题

（1）计算机系统中，操作系统是_____。

    A．处于裸机之上的第一层软件   B．处于硬件之下的底层软件

    C．处于应用软件之上的系统软件   D．处于系统软件之上的应用软件

（2）在 Windows 中，如果窗口表示一个应用程序，则打开该窗口的含义是_____。

    A．显示该应用程序的内容   B．运行该应用程序

    C．结束该应用程序的运行   D．显示并运行该应用程序

（3）控制面板的主要作用是_____。

    A．运行用户程序   B．进行系统配置   C．开发应用程序   D．进行文件管理

（4）若【编辑】菜单中的【剪切】和【复制】命令是灰色的，则需_____。

　　A. 打开【我的电脑】窗口　　　　　B. 启动资源管理器

　　C. 选中对象　　　　　　　　　　　D. 将该窗口变为活动窗口

（5）Windows XP 中关于回收站的说法正确的是_____。

　　A. 回收站保存了所有删除的文件

　　B. 关机后，就不能再从回收站中恢复删除的文件了

　　C. 任何操作删除的文件，都可以从回收站恢复

　　D. 删除软盘上的文件，不可从回收站恢复

（6）不属于 Windows XP 附件的是_____。

　　A. 计算器　　　　B. 画图　　　　C. 写字板　　　　D. 控制面板

（7）关于文件与文件夹的复制和移动，下列说法中不正确的是_____。

　　A. 在不同盘间进行移动，按住 Ctrl 键将选定对象拖放到目标位置即可

　　B. 在同一盘中移动，将选定对象拖到目标位置即可

　　C. 在不同盘间进行复制，将选定对象拖放到目标位置即可

　　D. 在同一盘中进行复制，按住 Ctrl 键将选定对象拖放到目标位置即可

（8）下列关于对话框的描述错误的是_____。

　　A. 对话框可以由用户选中菜单中带有"…"（省略号）的选项弹出

　　B. 对话框是由系统提供给用户输入信息后选择某项内容的矩形框

　　C. 对话框的大小可以调整改变

　　D. 对话框是可以在屏幕上移动的

3. 简答题

（1）叙述操作系统在计算机系统中的位置。

（2）怎样理解"由于计算机上装有操作系统，从而扩展了原计算机的功能"这句话？

第 4 章　办公软件 Office 及其应用

中文 Office 2003 是微软公司面向中国用户推出的 Microsoft Office System 中的办公软件之一，广泛应用于文字、表格、幻灯片、邮件、数据库、表单等的编辑与管理。该软件功能强大、简单易用，能够使用户在轻松、互动的环境中高效率地完成各种工作。中文版 Office 2003 主要包括中文 Word 2003、中文 Excel 2003、中文 PowerPoint 2003、中文 Access 2003 等独立的应用程序，分别用于不同的工作任务。

4.1　初识 Word 2003

Word 2003 是由美国微软公司（Microsoft）开发的一款文字处理器应用程序，是 Office 办公自动化套装程序 Office 2003 的重要组件之一，具有便捷、易学和功能丰富等特点。它主要是用于文字处理，不仅能够制作常用的文本、信函和备忘录，而且专门为国内用户定制了许多应用模板，如各种公文模板、书稿模板和档案模板等。此外，它还具有主控文档功能，结合修订、版本管理等功能使得网络协同工作变得非常方便。

4.1.1　Word 2003 的运行环境、启动与退出

当用户安装完 Office 2003 之后，Word 2003 也将自动安装到系统中，这时用户就可以正常启动与退出 Word 2003。同其他基于 Windows 的程序一样，Word 2003 的启动与退出也可通过多种方法来实现。

1. 启动 Word 2003

启动 Word 2003 的方法很多，最常用的有以下几种。

- ☑ 常规启动：选择【开始】→【所指程序】→Microsoft Office→Microsoft Office Word 2003 命令。
- ☑ 通过桌面快捷方式启动：双击桌面上的 Microsoft Office Word 2003 图标。
- ☑ 通过已创建的文档启动：双击任意的 Word 文档将自动启动 Word 2003。

2. 退出 Word 2003

退出 Word 2003 也有很多方法，常用的主要有以下几种。

- ☑ 选择【文件】→【退出】命令。
- ☑ 单击窗口右上角的【关闭】按钮。
- ☑ 双击标题栏左侧的控制菜单按钮。
- ☑ 按 Alt+F4 组合键。

4.1.2　Word 2003 的窗口组成

启动 Word 2003 后，进入其工作界面，如图 4-1 所示。从中可以看到，该窗口有以下几个主要组成部分。

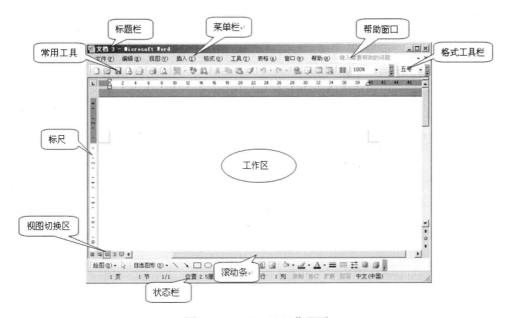

图 4-1　Word 2003 工作界面

1．标题栏

标题栏位于窗口的顶端，用于显示当前正在运行的程序名及文档名等信息。标题栏最右端有【最小化】、【最大化】和【关闭】3 个按钮。标题栏的左侧是【控制菜单】按钮，单击或按 Alt+Space 组合键可打开控制菜单进行最小化、最大化、移动、调整大小和关闭操作。

2．菜单栏

标题栏下方是菜单栏，其中包括【文件】、【编辑】、【视图】、【插入】、【格式】、【工具】、【表格】、【窗口】和【帮助】9 个菜单项，涵盖了 Word 文件管理、正文编辑所用到的所有菜单命令，如图 4-2 所示。当出现下拉菜单时，可通过选择需要的命令来执行相应的操作。有些命令后面有带省略号 "…"，单击该命令会出现对话框。有些命令后面带有形如 Ctrl+N 之类的组合键名，称为快捷键，可通过键盘选择相应的命令。

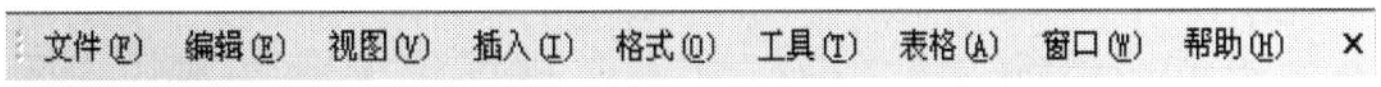

图 4-2　Word 2003 菜单栏

3．工具栏

工具栏位于菜单栏下方，其中包含大量以工具按钮形式显示的常用命令。Word 2003 的工具栏很多，但在默认的状态下仅能看到【常用】和【格式】工具栏，其他的工具栏则暂时隐藏起来。可通过选择【视图】→【工具栏】命令选取其他工具栏，或右击菜单栏空白区域，然后打开的快捷菜单中选取。如果要隐藏某个工具栏，可通过上面同样的方法单击该工具栏，去掉前面的"√"即可。使用工具栏可以快速执行常用操作，并且可以代替菜单选择某些命令，从而提高工作效率。

4. 标尺

标尺用于查看正文的宽度和高度、段落缩进、页边距调整、制表位调整等。利用水平标尺与鼠标可以改变段落缩进、调整页边距、改变栏宽以及设置制表位等。

5. 状态栏

状态栏位于 Word 窗口的底部，用于显示文档当前页号、节号、页数、光标所在的列号等文档内容，如图 4-3 所示。此外，状态栏中还显示了一些特定命令的工作状态，如录制宏、修订、扩展选定范围、改写以及当前使用的语言等，用户可双击这些按钮来设定其相应的工作状态。当这些命令按钮为高亮时，表示目前正处于工作状态；若变为灰色，则表示未在工作状态下。

1 页	1 节	1/1	位置 2.5厘米	1 行	1 列	录制	修订	扩展

图 4-3　Word 2003 状态栏

6. 任务窗格

任务窗格是指 Word 应用程序中提供常用命令的分栏窗口，位于界面右侧。它会根据操作要求自动弹出，使用户及时获得所需的工具，从而节约时间、提高工作效率，并有效地控制 Word 的工作方式。选择【视图】→【任务窗格】命令打开任务窗格，单击任务窗格右上角的下拉按钮，从弹出的下拉菜单中可以选择其他任务窗格命令，如图 4-4 所示。

7. 水平滚动条和垂直滚动条

位于文档窗口的下方和左方，用于对文档垂直定位。

- ☑ 用滚动条移动文本后，光标仍在原地，即插入点不变，如果输入字符，则字符插入到原地。
- ☑ 如无滚动条，则可以通过选择【工具】→【选项】→【视图】命令进行设置。

图 4-4　任务窗格

4.1.3　视图方式

所谓视图，就是查看文档的方式。Word 2003 提供了 5 种基本的视图，即页面视图、阅读版式视图、Web 版式视图、大纲视图、普通视图。在不同情况下采用不同的视图方式可以方便页面编辑，提高工作效率。

1. 普通视图

在菜单栏中选择【视图】→【普通】命令，文档编辑区变为普通视图显示状态。这种视图方式对输入、输出及滚动命令的响应速度较其他几种视图要快，并且能够显示大部分的字符和段落格式。该视图最适合于普通的文字输入和编辑工作。普通视图能连续显示文档，栏是按实际宽度单栏显示，而不是并排显示。在普通视图中，不显示页边距、页眉、页脚等信息。

2．Web 版式视图

在菜单栏中选择【视图】→【Web 版式】命令，文档编辑区变为 Web 版式视图显示状态。该视图将显示文档在 IE 浏览器中的外观，包括背景、包装的文字和图形，在屏幕上显示的效果就是在浏览器中的效果，便于阅读。Web 版式视图不显示分页、页眉、页脚等信息。

3．页面视图

在菜单栏中选择【视图】→【页面】命令，文档编辑区变为页面视图显示状态。该视图所显示出来的效果同打印出来的样式是一致的，分页符被形象的页边界所代替，以纸张页面的形式显示，精确地显示文本、图形及其他元素在最终的打印文档中的情形。在页面视图中，可以看到整张纸的形态，清晰地显示了页边距、页眉、页脚。页面视图适合在文档编辑的中期阶段使用，可以对文本、格式、版面、文档的外观、页眉、页脚等进行操作。

4．阅读版式视图

在菜单栏中选择【视图】→【阅读版式】命令，文档编辑区变为阅读版式视图显示状态。这是 Word 2003 提供的一种全新的视图版式，用户可以在屏幕上阅读以前需要打印的文档。这种视图不更改文档本身，只更改页面版式并改善字体的显示，以便文本更易于阅读。当进入阅读版式视图后，系统将弹出【阅读版式】工具栏。

5．大纲视图

在菜单栏中选择【视图】→【大纲】命令，文档编辑区变为大纲视图显示状态。该视图提供了一个处理提纲的视图界面，能分级显示文档的各级标题，层次分明。切换到大纲视图后，系统会自动弹出【大纲】工具栏，其中提供了在大纲视图下操作的全部功能。

4.1.4　Word 文档的基本操作

Word 文档的基本操作主要包括创建新文档、保存文档、打开文档以及关闭文档等，而这些基本操作又是文档处理过程中最起码的工作。本节将具体介绍这些基本操作。

1．新建文档

Word 文档是文本、图片等对象的载体，要在文档中进行操作，必须先创建文档。新创建的文档可以是空白文档，也可以是基于模板的文档。

（1）新建空白文档

新建一个空白文档常用以下几种方法：

☑　利用【常用】工具栏上的【新建】按钮🗋创建新文档。

☑　利用组合键 Ctrl＋N。

☑ 选择【文件】→【新建】命令，弹出【新建文档】任务窗格，在【新建文档】任务窗格中选择【空白文档】命令。

（2）利用模板创建文档

具体操作步骤如下：

①在【新建文档】任务窗格中单击【本机上的模板】超链接，打开【模板】对话框，如图4-5所示。

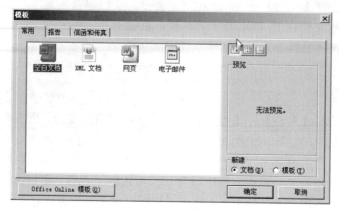

图4-5 【模板】对话框

②从【模板】对话框的不同选项卡中选择新文档要使用的模板类型。

③从列表框中选定具体类型的模板，单击【确定】按钮。

2. 打开文档

打开文档是 Word 日常操作中最基本、最简单的一项操作，要对任意文档进行编辑、排版操作，首先必须将其打开。

（1）使用【打开】命令打开文档

①单击工具栏上的【打开】按钮，或者选择【文件】→【打开】命令，弹出【打开】对话框，如图4-6所示。

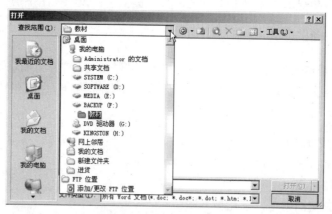

图4-6 【打开】对话框

②在【查找范围】下拉列表框中选择该文档所在的驱动器，找出文档所在的目录。

③选择该文档名，单击【打开】按钮即可。

（2）使用【文件】菜单来打开最近使用过的文档

Word 在【文件】菜单底部，随时保存着最近使用过的若干个文档名称（默认为 4 个），用户可以从中选择要打开的文档，如图 4-7 所示。

操作方法是：单击【文件】菜单项，在弹出的下拉菜单中列出了最近使用过的若干个文档名，单击所需打开的文档名即可。如果所要打开的文档不在文档名列表中，则必须执行【打开】命令打开文档。

（3）使用【任务窗格】中的打开超链接打开已建文档

Word 在其任务窗格的【打开】栏中，随时保存着最近使用过的若干个文档名称，从中单击所需文档名即可将其打开。如果其中没有列出所需文档，可以单击【其他】超链接，打开如图 4-8 所示的【打开】栏，从中选择要打开的文档。

图 4-7　打开最近使用过的文档

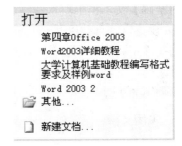

图 4-8　任务窗格中的【打开】栏

注意：若要同时打开多个连续的文档，可以先选定第一个文件名，然后按住 Shift 键，单击要打开的最后一个文件名，则两个文件之间的所有文件将被选定；若要打开不连续的多个文件，可先选定第一个文件，然后按住 Ctrl 键，并逐个单击其他要打开的文件名，最后单击【打开】按钮。

3．保存文档

文档的保存是一种常规的操作。对于新建的 Word 文档或正在编辑某个文档时，一旦发生计算机突然死机、停电等非正常关闭的情况，文档中的信息就会意外丢失，因此为了保护工作成果，定期保存文档是非常必要的。

1）保存新建文档

（1）单击【常用】工具栏上的【保存】按钮 ，或者选择【文件】→【保存】命令，打开【另存为】对话框。

（2）在该对话框中进行相应设置。

①【保存位置】下拉列表框用于指定文档存放的位置（路径）。通常【保存位置】的默认文件夹为【我的文档】，也就是说，若用户没有改动保存位置，则文档将保存在该文件夹中。若要改动保存位置，可打开该下拉列表框，从中选择所需的驱动器和文件夹。

②在【文件名】下拉列表框中输入要保存的文档文件名。

③在【保存类型】下拉列表框中保持默认值【Word 文档】，其扩展名为".doc"。

（3）单击【保存】按钮。

2）保存已有的文档

单击【常用】工具栏上的【保存】按钮，或选择【文件】→【保存】命令，则当前编辑的内容将以原文件名保存在原来的位置。

3）用另一文档名保存文档

（1）选择【文件】→【另存为】命令。

（2）打开【另存为】对话框，其后操作与保存新建文档一样。

4）文档的保护

（1）选择【文件】→【另存为】命令，打开【另存为】对话框。

（2）单击【工具】按钮，从弹出的下拉菜单中选择【安全措施选项】命令，弹出【安全性】对话框。

（3）在【打开文件时的密码】和【修改文件时的密码】文本框中输入密码。

5）设置定时自动保存

选择【工具】→【选项】命令，打开【选项】对话框，在【保存】选项卡中进行相应的设置，如图 4-9 所示。

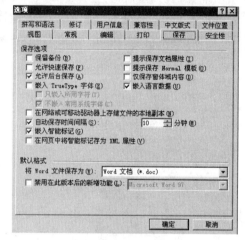

图 4-9　设置定时自动保存

4．关闭文档

打开或创建了一个文档后，若需要建立其他的文档或者使用其他的应用程序，就需要关闭该文档。

关闭文档的方法有以下几种：

- ☑　选择【文件】→【关闭】命令。
- ☑　单击文档窗口右上角的【关闭】按钮。
- ☑　按 Alt+F4 组合键。
- ☑　在任务栏上用鼠标右键单击要关闭的文档名，在弹出的快捷菜单中选择【关闭】命令。

在关闭文档时，如果没有对文档进行编辑、修改，则可直接关闭；如果对文档进行了修改，但还没有保存，系统将会打开一个如图 4-10 所示的提示对话框，询问是否保存对文档所做的修改。单击【是】按钮，即可保存并关闭该文档。

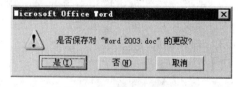

图 4-10　保存提示对话框

4.1.5　文档编辑的基本操作

Word 是 Office 系列办公软件中一个功能非常强大的字处理软件，因此在 Word 中输入文本、符号、插入日期与时间、进行文本的自动更正、拼写与语法检查以及查找与替换文本，是整个文档编辑过程的基础。

1．输入

在 Word 2003 中，建立文档的目的是为了输入文本内容。在输入文本前，文档编辑区的开始位置将会出现一个闪烁的光标，称之为"插入点"。在 Word 文档输入的过程中，输入的文本将会在插入点处出现。当定位了插入点的位置后，选择一种输入法就可以开始进行文本的输入。

1）输入文本

创建新文档或打开已有文档之后，就可以输入文本了。这里所指的文本是数字、字母、符号和汉字等的组合。

（1）先选定一种输入法。

（2）从左至右，自上而下输入。

符号输入：选择【插入】→【符号】命令，在弹出的【符号】对话框中查找所需符号，然后单击【插入】按钮；也可利用软键盘。

（3）一段结束时或产生一个空行时才回车，其他情况下不用回车，到边界时会自动回车，此称为"字符环境"。

2）插入模式和改写模式

☑　插入模式：输入文本时，字符出现在插入点，原有的字符顺序后移。

☑　改写模式：输入的新字符替代原有字符，其他字符位置不变。

打开 Word 时，默认为插入模式。双击 Word 窗口底部状态栏上的【改写】按钮即可转变为改写模式，再次双击则又回到插入模式。

3）输入符号

在输入文档的过程中，不仅仅只是输入中文或英文字符，还需要输入一些诸如ǎ、kg、≌以及§等符号，而这些符号通过键盘是无法输入的。利用 Word 2003 的插入符号功能，用户可以轻松地在文档中插入各种符号。

具体操作步骤如下：

（1）将插入点移到要插入符号的位置。

（2）选择【插入】→【符号】命令，打开【符号】对话框，如图 4-11 所示。

图 4-11　【符号】对话框

（3）在【符号】选项卡中的【字体】下拉列表框中选择包含该符号的字体。

（4）在中间的列表框中选择所需的符号，单击【插入】按钮。

（5）单击【关闭】按钮。

4）插入特殊符号

（1）选择【插入】→【特殊符号】命令，打开【特殊符号】对话框。

（2）单击需插入的符号，然后单击【确定】按钮。

💡 提示：也可以利用软键盘插入一些特殊符号，方法是右击输入法工具条右侧的【软键盘】按钮，在弹出的快捷菜单中选择要插入的符号的类型，如图4-12所示。

2. 选取文本

在 Word 中进行文本编辑和处理的方法和日常生活中处理事务的方法相似，都是要先明确处理的目标，即"先选定，后操作"。当需要对某对象（如文本、表格、图片、文本框、艺术字等）进行操作时，首先应选定该部分，然后才能对这部分内容进行复制、移动和删除等操作。选定的文本的显示方式如图4-13所示。

图 4-12　【软键盘】右键快捷菜单

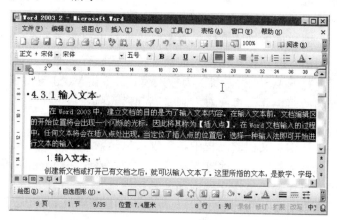

图 4-13　选定文本

选取文本既可以使用鼠标，也可以使用键盘，还可以结合鼠标和键盘进行选取。鼠标可以轻松地改变插入点的位置，因此使用鼠标选取文本十分方便。利用鼠标选取文本内容的方法如表4-1所示。

表 4-1　利用鼠标选取文本内容的方法

要选的文本	操作方法
任意连续文本	在文本起始位置单击，并拖过这些文本
一个单词	双击该单词
一行文本	单击该行左侧的选定区
一个段落	双击选定区，或在段内任意位置三击
矩形区域	将鼠标指针移到该区域的开始处，按住 Alt 键，拖动鼠标到结尾处
不连续的区域	先选定第一个文本区域，按住 Ctrl 键，再选定其他的文本区域
整个文档	选择【编辑】→【全选】命令或按 Ctrl+A 组合键

使用键盘上相应的快捷键，同样可以选取文本。利用快捷键选取文本内容的方法如表 4-2 所示。

表 4-2　利用快捷键选取文本内容的方法

按　　键	作　　用
Shift+Home	选定内容扩展至行首
Shift+End	选定内容扩展至行尾
Shift+Page Up	选定内容向上扩展一屏
Shift+Page Down	选定内容向下扩展一屏
Ctrl+Shift+Home	选定内容扩展至文档开始处
Ctrl+Shift+End	选定内容扩展至文档结尾处
Ctrl+A	选定整个文档

按 F8 键，状态栏上的【扩展】按钮将由灰色变成黑色，表明进入了扩展状态；再按 F8 键，则可选择光标所在处的一个词；再按一下，选区扩展到了整句；再按一下，选区扩展成一段；再按一下，选区就扩展成全文。在编辑区任意位置单击，或双击【扩展】按钮，将退出扩展状态。

3．文本的简单编辑

在文档编辑的过程中，常常需要对一些文本进行复制、移动和删除等基本编辑操作，这些操作是 Word 中最基本、最常用的操作。熟练地运用文本的简单编辑功能，可以节省大量的时间，提高编写效率。

1）复制文本

在文档中经常需要重复输入文本，此时可以使用复制文本的方法进行操作以节省时间，加快输入和编辑的速度。所谓文本的复制，是指将要复制的文本移动到其他位置，而源文本仍然保留在原来的位置。

（1）选定需要复制的文本内容。

（2）选择【编辑】→【复制】命令，或单击【常用】工具栏上的【复制】按钮 ，或按 Ctrl+C 组合键。

（3）将插入点定位到想粘贴的位置。

（4）选择【编辑】→【粘贴】命令，或单击【常用】工具栏上的【粘贴】按钮 ，或按 Ctrl+V 组合键，即可把所选内容复制到目标位置中。

2）移动文本

移动文本是指将当前位置的文本移到另外的位置，在移动的同时，会删除原来位置上的文本。移动文本的操作与复制文本类似，唯一的区别在于，移动文本后，原位置的文本将消失；而复制文本后，原位置的文本仍在。

（1）选定需要移动的文本内容。

（2）选择【编辑】→【剪切】命令，或单击【常用】工具栏上的【剪切】按钮 ，或按 Ctrl+X 组合键。

（3）将插入点定位到想粘贴的位置。

（4）选择【编辑】→【粘贴】命令，或单击【常用】工具栏上的【粘贴】按钮，或按 Ctrl+V 组合键，即可把所选内容移动到目标位置。

3）删除文本

在文档编辑的过程中，需要对多余或错误的文本进行删除操作。对文本进行删除，可使用以下方法。

☑　按 Backspace 键删除光标左侧的文本。

☑　按 Delete 键删除光标右侧的文本。

☑　选取需要删除的文本，在【常用】工具栏上的单击【剪切】按钮。

☑　选取需要删除的文本，然后选择【编辑】→【清除】→【内容】命令。

4）剪贴板

剪贴板是内存中的一个临时数据区，用于在应用程序间交换文本或图像信息。剪贴板中可以同时存放最近 24 次复制和剪切的内容，如图 4-14 所示。

有以下几种方法可打开 Office 剪贴板：

（1）选择【编辑】→【Office 剪贴板】命令，将在编辑区的右侧显示【剪贴板】任务窗格。

（2）选择【视图】→【任务窗格】命令，在打开的任务窗格中单击顶部下拉列表框右侧的下拉按钮，在弹出的下控制表框中选择【剪贴板】选项。

（3）连续按 Ctrl+C 组合键两次。

4．查找和替换

图 4-14　剪贴板

查找和替换在文档的输入和编辑中非常有用，特别是对于长文档。例如，在一篇几万字的文稿中查找某几个字或某种格式，用查找功能即刻就能找到所要找的内容。在查找到特定内容后，将其手动替换为其他内容，可以说是一项费时费力，又容易出错的工作。幸好 Word 2003 提供了替换功能，利用该功能可以非常轻松、快捷地完成操作。

1）查找

在 Word 2003 中，利用查找功能，不仅可以在普通文本中快速定位，还可以查找特殊格式的文本或符号等。以常规方式查找文本时，操作步骤如下。

（1）选择【编辑】→【查找】命令或按 Ctrl+F 键，打开【查找和替换】对话框，如图 4-15 所示。

图 4-15　【查找和替换】对话框

（2）在【查找内容】下拉列表框输入要查找的内容。

（3）单击【查找下一处】按钮，Word 2003 将开始查找，找到所需内容后将其反白显示并停止查找。如果所指定的内容没有找到，系统会给出相应的提示。

2）替换

（1）替换文字

如果要在多页文档中查找并替换一些文字，手工逐个查找并修改无疑费时费力，还可能会发生错漏现象。这种情况下就可以使用查找和替换功能来解决。替换和查找操作基本类似，不同之处在于替换不仅要完成查找，而且要用新的文档覆盖原有内容。准确地说，在查找到文档中特定的内容后，才可以对其进行统一替换。

①选择【编辑】→【替换】命令，打开【查找和替换】对话框，并默认显示【替换】选项卡。

②在【查找内容】下拉列表框中输入要查找的文字，在【替换为】下拉列表框中输入替换文字。如果需要设置高级选项，可单击【高级】按钮。

③单击【替换】按钮，Word 将找到的第一处相应内容按照刚才所作设置进行替换。单击【全部替换】按钮，可将整个文档中的相应内容全部替换掉。

（2）替换格式

为了将一篇文档中某一词语突出显示，需要将这些词语全部统一设置为某一字体、字号及颜色等，但如果整篇文档中该词语数目实在是太多了，若逐个修改，工作量太大。

在 Word 中，可以轻松地实现这些操作。选择【编辑】→【替换】命令，打开【查找与替换】对话框。在【查找内容】下拉列表框中输入需要更改的词语，在【替换为】下拉列表框中再次输入这一词语，然后单击【高级】按钮。在展开的【搜索选项】栏中单击【格式】按钮，在弹出的菜单中选择【字体】命令，打开【查找字体】对话框。在该对话框中设置相应的格式，然后单击【确定】按钮，回到【查找和替换】对话框。此时在【替换为】下方的【格式】后面就可以看到设置好的格式，单击【全部替换】按钮，即可实现批量更改字体、字号以及文字的颜色了，如图 4-16 所示。

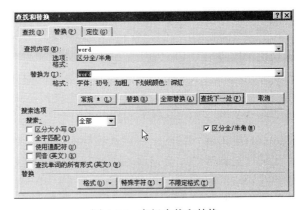

图 4-16　高级查找和替换

5．撤销与恢复

撤销与恢复功能在文档的编辑过程中经常会用到。用户在进行输入、删除和改写文本时，Word 2003 会自动记录最新的操作，而该功能可以帮助用户撤销刚执行的操作，或者将撤销的操作进行恢复。

1）撤销操作

所谓的撤销，是指取消刚刚执行的一项或多项操作。Word 2003 可以记录许多具体操作的过程，当发生误操作时，可以对其进行撤销。进行撤销操作的方法如下：

（1）如果只想撤销最近一次的操作，选择【编辑】→【撤销】命令或单击【常用】工具栏中的【撤销】按钮 ，即可撤销上一次的操作。

（2）连续单击【撤销】按钮或是单击【撤销】按钮右侧的下拉按钮 ，在弹出的下拉列表中单击某一项，该项操作及其后的所有操作都将被撤销。

（3）按 Ctrl+Z 键也可以撤销刚刚执行的操作。

2）恢复操作

恢复是针对撤销而言的，大部分刚刚撤销的操作都可以恢复。如果用户后悔进行了上一步的撤销操作，那么可以通过恢复操作将文本恢复到撤销以前的状态。恢复操作的方法如下：

（1）单击【常用】工具栏上的【恢复】按钮 或选择【编辑】→【恢复】命令，即可恢复最近一次的撤销操作。

（2）如果撤销操作执行过多次，也可单击【恢复】按钮右侧的下拉按钮 ，在弹出的下拉列表中选择恢复撤销过的多次操作。

（3）按 Ctrl+Y 键也可以撤销刚刚执行的操作。

6．拼写与语法检查

在输入、编辑文档时，若文档中包含与 Word 2003 自身词典不一致的单词或词语，则会在该单词或词语的下方显示一条红色或绿色的波浪线，表示该单词或词语可能存在拼写或语法错误，提示用户注意。

在输入文本时自动进行拼写和语法检查是 Word 2003 默认的操作，但若是文档中包含有较多特殊拼写或特殊语法，则启用输入时自动检查拼写和语法功能，就会对编辑文档产生一些不便。因此，在编辑一些专业性较强的文档时，可暂时将输入时自动检查拼写和语法功能关闭。

Word 2003 提供了几种检查并自动更正英文拼写和语法错误的方法：自动更改拼写错误、提供更改拼写提示、提供更改语法提示、自动添加空格、在行首自动大写。

中文拼写与语法检查与英文类似，只是在输入的过程中，对出现的错误单击鼠标右键后，在弹出的快捷菜单中不会显示相近的字或词。中文拼写与语法检查主要通过【拼写和语法】对话框和标记下划线两种方式来实现。

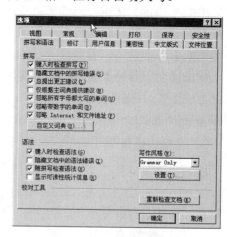

图 4-17　拼写和语法检查

☑　选择【工具】→【选项】命令，打开【选项】对话框。选择【拼写和语法】选项卡，可以设置系统在输入时是否检查拼写和语法，如图 4-17 所示。

☑　Word 用红色波浪线标记输入有误的或系统无法识别的中文和单词，用绿色波浪线标记可能的语法错误。

4.1.6 Word 2003 文档的排版

在 Word 文档中，文字是组成段落的最基本内容，而任何一个文档都是从段落文本开始进行编辑的。当用户输入完所需的文本内容后，就可以对相应的段落文本进行格式化操作，从而使文档更加美观。

1. 设置字体格式

在 Word 中，文档经过编辑、修改成为一篇正确、通顺的文章，但为了使其更加美观、条理更加清晰，还需要按照"先选定，后设置"的总原则对文本样式进行设置。

图 4-18 【格式】工具栏

通常情况下，利用【格式】工具栏可以快速地设置文本的字体、字号、颜色和字形等，如图 4-18 所示。

选择【格式】→【字体】命令，在打开的【字体】对话框中可对选定的文本设置字体、字形、字号、颜色、字间距、上下标及动态效果等，如图 4-19 所示。选择【字符间距】选项卡，可以设置字符与字符之间的横向间距、字符相对于其他字符的垂直位置以及字符的缩放等，具体效果可以在【预览】窗口中看到。在【文字效果】选项卡中，可以对选中的文字设置各种动态的文字效果。

图 4-19 【字体】对话框

2. 设置段落格式

（1）段落对齐方式

①段落水平对齐的有关按钮在【格式】工具栏中可以找到，主要有左对齐、居中、右对齐、两端对齐、分散对齐等，如图 4-20 所示。

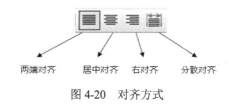

图 4-20 对齐方式

☑ 两端对齐：默认设置。两端对齐时文本左右两端均对齐，但是段落最后不满一行的文字右边是不对齐的。

☑ 左对齐：文本左边对齐，右边参差不齐。

☑ 右对齐：文本右边对齐，左边参差不齐。

☑ 居中对齐：文本居中排列。

☑ 分散对齐：文本左右两边均对齐，而且每个段落的最后一行不满一行时，将拉开字符间距使该行均匀分布。

②选择【格式】→【段落】命令，在弹出的【段落】对话框中可对段落的对齐方式进行更详尽的设置，如图 4-21 所示。

（2）设置段落缩进

段落的缩进有 4 种方式：左缩进、右缩进、首行缩进和悬挂缩进。

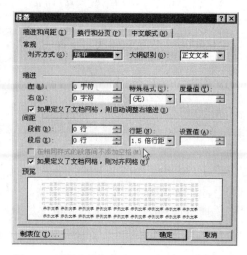

☑ 左缩进：设置整个段落左边界的缩进位置。将光标停在段落之中，移动左缩进游标即可将整段缩进。

☑ 右缩进：设置整个段落右边界的缩进位置。移动标尺上右边的游标可将段落右缩进，此时要将光标放在段落末行结束处。

☑ 悬挂缩进：设置段落中除首行以外的其他行的起始位置。悬挂缩进常用于参考条目、简历、项目及编号列表之中。

☑ 首行缩进：设置段落中首行的起始位置。具体设置方法有两种：

图 4-21　通过【段落】对话框设置对齐方式

☑ 可用标尺设置段落缩进，如图 4-22 所示。

图 4-22　通过标尺设置段落缩进

☑ 利用【段落】对话框设置段落缩进，如图 4-23 所示。

（3）设置行间距和段间距

所谓行间距是指段落中行与行之间的距离；所谓段间距，就是指前后相邻的段落之间的距离。行间距和段间距也在【段落】对话框中进行设置。

（4）给段落添加边框和底纹

使用 Word 编辑文档时，为了让文档更加美观、生动，有时需要为文字和段落添加边框和底纹。

①设置边框

Word 2003 提供了多种边框供用户选择，用来强调或美化文档内容。选择【格式】→【边框和底纹】命令，在弹出的【边框和底纹】对话框中选择

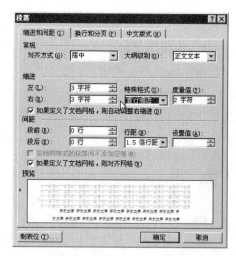

图 4-23　利用【段落】对话框设置段落缩进

【边框】选项卡，如图 4-24 所示。在【设置】选项组中有 5 种边框样式，从中可选择所需的样式；在【线型】列表框中列出了各种不同的线条样式，从中可选择所需的线型；在【颜色】和【宽度】下拉列表框中，可以为边框设置所需的颜色和相应的宽度；在【应用于】下拉列表框中，可以设定边框应用的对象是文字还是段落。

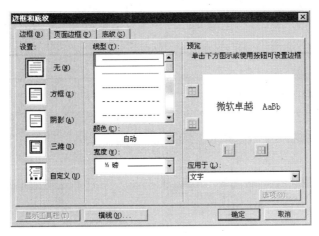

图 4-24 【边框和底纹】对话框

②设置底纹

在【边框和底纹】对话框中选择【底纹】选项卡，可在其中对填充的颜色和图案等进行设置。在【填充】选项组中列出了各种用来设置底纹的填充颜色；单击【其他颜色】按钮，可从弹出的【颜色】对话框中自定义需要的颜色；在【图案】选项组中的【样式】下拉列表框中，可以选择填充图案的其他样式。

3．项目符号和编号

为了使文章的内容条理更清晰，需要使用项目符号或编号来标识。利用项目符号和编号功能，可以对文档中并列的项目进行组织，或者将顺序的内容进行编号。Word 2003 提供了 7 种标准的项目符号和编号，并且允许用户自定义项目符号和编号。

选中需要改变或创建项目符号和编号的段落，选择【格式】→【项目符号和编号】命令，打开【项目符号和编号】对话框。选择【项目符号】选项卡，其中显示了 6 种标准的项目符号，还可以单击【自定义】按钮重新选择一种项目符号。选择【编号】选择卡，可从中选择编号样式。

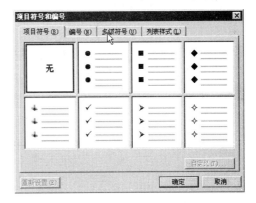

图 4-25 【项目符号和编号】对话框

- ☑ 单击【格式】工具栏上的【项目符号】按钮 或【编号】按钮 ，插入点所在段落的开始自动添加了一个项目符号或编号。
- ☑ 选择【格式】→【项目符号和编号】命令，打开【项目符号和编号】对话框，在此设置项目符号和编号，如图 4-25 所示。

4．分栏处理

先选定要分栏的文本，然后用下面两种方法进行分栏设置。

- ☑ 单击【分栏】按钮 ，在弹出的分栏模型中按住鼠标左键，拖动出所需的栏数。

☑ 选择【格式】→【分栏】命令，打开【分栏】对话框，从中进行相应的设置，如图 4-26 所示。

5. 首字下沉

设置首字下沉的具体步骤如下：

（1）选择【格式】→【首字下沉】命令，打开【首字下沉】对话框，如图 4-27 所示。

（2）在【位置】选项组中选择【下沉】或【悬挂】。

（3）在【选项】选项组中为文本设置字体、下沉的行数及与正文的距离。

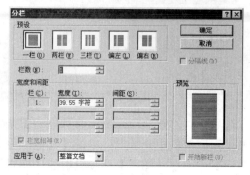

图 4-26 【分栏】对话框

图 4-27 【首字下沉】对话框

6. 复制格式

对一部分文字设置的格式可以复制到另一部分文字中，使其具有同样的格式。此时用户无须一一设置，只需利用【常用】工具栏中的【格式刷】按钮 ✍ 快速复制格式即可。

复制格式的具体操作步骤如下：

（1）将插入点置于已设置好格式的文本中。

（2）单击【常用】工具栏上的【格式刷】按钮，此时鼠标指针变成刷子形状。

（3）将鼠标拖过要复制格式的文本。

选中一部分文字时，按下格式刷可以取出所在位置或所选内容的文字格式，用这一个刷子去刷别的文字可实现文字格式的复制。但每次刷完后，格式刷就变成不可用。如果希望重复复制格式，通过双击格式刷，可以将选定格式复制到多个位置。若要关闭格式刷，按 Esc 键或再次单击格式刷即可。

4.1.7 Word 2003 的图形功能

在 Word 2003 文档中可以插入图片，使之达到图文并茂的目的。一般系统会提供一个名为 Clipart 的文件夹，其中含有很多的图片文件。当然，用户也可使用一些其他的图片。

1. 插入图片

1）插入剪贴画

（1）选择【插入】→【图片】→【剪贴画】命令，打开【剪贴画】任务窗格。

（2）单击【管理剪辑】超链接，打开【剪辑管理器】窗口，单击打开放置剪贴画的文件夹。

（3）复制图片并将图片粘贴到文档中。

2）插入图形文件

（1）将光标定位到要插入图片的位置。

（2）选择【插入】→【图片】→【来自文件】命令，打开【插入图片】对话框，如图 4-28 所示。

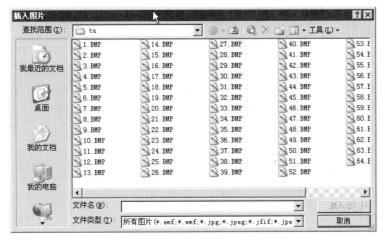

图 4-28　【插入图片】对话框

（3）在该对话框的【查找范围】下拉列表中找到图片所在的位置。

（4）选定要插入的图片，单击【插入】按钮。

2．绘制图形

1）绘制图形

（1）单击【绘图】工具栏上的某按钮，鼠标指针变成十字形状。

（2）将鼠标指针移至文档中的某一点，按下鼠标左键并拖动至另一点，释放后，在两点之间就会留下该按钮所指示的几何图形。绘制多个自选图形时，也可以通过双击来绘制。

2）在自选图形中添加文字

选定要添加文字的自选图形，在图形上右击，在弹出的快捷菜单中选择【添加文字】命令。

3）图形的叠放次序

选定该自选图形，单击鼠标右键，在弹出的快捷菜单中选择【叠放次序】命令，然后按需要调整的次序选择相应的命令。

3．编辑图片

1）调整图片的大小

（1）单击图片，图片周围出现 8 个控制点。

（2）移动鼠标指针到控制点上，当其显示为双向箭头时，拖动图片边框即可实现图片的整体缩放。如果要精确地调整图片的大小，单击【绘图】工具栏上的 按钮，在弹出的如图 4-29 所示的【设置图片格式】对话框中进行设置。

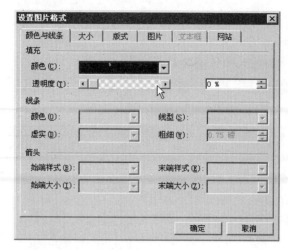

图 4-29 【设置图片格式】对话框

2）利用【图片】工具栏编辑图片

利用下列两种方法可以打开【图片】工具栏，如图 4-30 所示。

☑ 选择【视图】→【工具栏】→【图片】命令。

☑ 右击图片，在弹出的快捷菜单中选择【显示【图片】工具栏】命令。

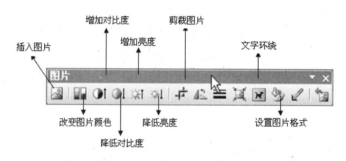

图 4-30 【图片】工具栏

4. 插入艺术字

1）插入艺术字

艺术字是有特殊效果的文字，其按钮可以在【绘图】工具栏上找到，一般会位于文本编辑区的下端。

（1）单击【绘图】工具栏中的【插入艺术字】按钮，或选择【插入】→【图片】→【艺术字】命令，打开【艺术字库】对话框。

（2）在该对话框中选择一种所需的艺术字样式。

（3）在打开的【编辑"艺术字"文字】对话框中输入要插入的艺术字，并对其字体、字号和字形等格式进行设置。

2）编辑艺术字

编辑艺术字时，可单击艺术字，利用弹出的【艺术字】工具栏进行相应的操作，如图 4-31 所示。

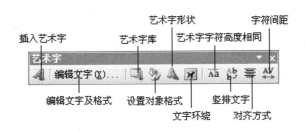

图 4-31　【艺术字】工具栏

（1）单击已存在的艺术字任何部位，即可选定艺术字。此时艺术字有一个编辑框，可移动、放大、缩小。

（2）修改艺术字内容，双击即可。

注意：在大纲视图中不能看到艺术字。

5．使用文本框

1）创建文本框

要创建文本框，可按如下步骤进行操作：

（1）选择【插入】→【文本框】→【横排】命令，鼠标指针变成"+"形状。

（2）移动鼠标指针到合适地方，按下鼠标左键并拖动，形成一个矩形框。

（3）在矩形框中输入文字，并可进行编排、修改字体和大小等操作。

2）设置文本框格式

双击文本框边框，打开【设置文本框格式】对话框，用户可以从中根据需要进行颜色和线条、大小、版式、图片、文本框、网站等设置；还可以利用【绘图】工具栏设置三维效果、阴影、边框类型和颜色、填充色和背景等。

3）删除文本框

（1）删除文本框，只要选定文本框，按 Delete 键即可。

（2）若要删除文本框，但要保留文本框中的内容，则按下述方法进行。

①将文本框转化成图文框。

②选择【格式】→【图文框】→【删除图文框】命令。

4.1.8　Word 表格的制作

制作表格是人们进行文字处理的一项重要内容。Word 2003 提供了丰富的制表功能，不仅可以建立各种表格，而且允许对表格进行调整、设置格式和对表格中的数据进行计算等。

1．创建表格

1）利用【常用】工具栏创建简单表格

单击【常用】工具栏上的【插入表格】按钮，在下方出现的表格模型中拖动鼠标，确定所需的行列数后释放鼠标，可以快速创建一个简单的表格。

2）使用菜单创建表格

（1）选择【表格】→【插入】→【表格】命令，打开【插入表格】对话框，如图 4-32 所示。

（2）在【表格尺寸】选项组中分别设置所需的列数与行数，在【自动调整操作】选项组中选择适当的选项。

（3）单击【确定】按钮。

3）手工绘制复杂表格

选择【表格】→【绘制表格】命令或者单击【常用】工具栏上的【表格和边框】按钮，弹出【表格和边框】工具栏，如图 4-33 所示。利用该工具栏上的相应按钮可以手工绘制表格。

4）斜线表头

（1）单击表头位置（第一行第一列）的单元格。

（2）选择【表格】→【绘制斜线表头】命令，打开【插入斜线表头】对话框，如图 4-34 所示。

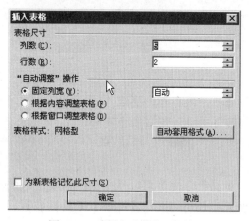

图 4-32　【插入表格】对话框

图 4-33　【表格和边框】工具栏

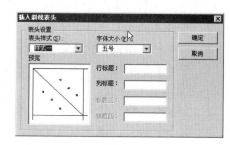

图 4-34　【插入斜线表头】对话框

（3）在【表头样式】下拉列表框中给出的 5 种样式中任选一种。

（4）在标题文本框中输入各标题。

（5）单击【确定】按钮。

2．表格中文本的编辑

1）在表格中移动插入点

要向表格中输入数据，必须要先确定插入点。插入点的移动方法如下：

☑　使用鼠标直接单击要移到的单元格。

☑　按 Tab 键使插入点移到下一单元格。

☑　按"←"、"→"、"↑"、"↓"方向键，可使插入点向左、右、上、下移动。

2）输入数据

表格是由单元格组成的，其中每个单元格都可被视为一个"小文档"，这样所有单元格内的文字或图形的编辑和格式化操作同前面介绍的方法一致。也就是说，表格中文字的输入方法与一般文档的输入方法相同。

💡 提示：由于 Word 将每个单元格视为独立的处理单元，因此在完成该单元格录入后，不能按 Enter 键表示结束，否则会使该表格行高加大。

3）在表格中删除文本

要删除单元格中的内容，可使用 Backspace 键来消除字符，也可以选定该单元格后按 Delete 键。

4）其他

与其他文本一样，在表格内也可以进行查找、替换、复制、移动和删除等操作。

除了在表格内输入文本之外，Word 还允许在表格内插入（或粘贴）图形或其他表格（即生成嵌套表格）。

3．文本转换为表格

1）选定需要转换成表格的文本。

2）选择【表格】→【转换】→【文本转换成表格】菜单命令，打开【将文字转换成表格】对话框，如图 4-35 所示。

3）在【表格尺寸】选项组中设定表格的行列数，在【"自动调整"操作】选项组中设置调整表格的方式。

4）选择文字分隔符的类型。

5）单击【确定】按钮。

4．编辑表格

图 4-35 【将文字转换成表格】对话框

1）选定

☑ 选定单元格：将鼠标指针指向单元格左边框的选择区域，其形状将变为指向右上角的箭头，然后单击。

☑ 选定行：将鼠标指针指向表格左边框的行选择区域，当其变为指向右上角的箭头形状时，单击即可。

☑ 选定列：将鼠标指针指向表格上边框的选择区域，当其变为黑色的向下箭头形状时，单击即可。

☑ 选定块：按下鼠标左键，把鼠标从欲选块的左上角单元格拖动到欲选块的右下角单元格。

☑ 选定整个表格：在任一单元格中单击，在表格左上角会出现一个"移动控点" ⊞，在其右下方会出现一个"缩放控点" ⊔。单击表格左上角的 ⊞ 图标，即可选定整个表格。

2）表格的移动、缩放和删除对选定的表格，可进行如下操作

☑ 移动：把鼠标指针移到"移动控点"上，当其变化四向箭头形状时，拖动鼠标即可把表格移动到所需的位置。

☑ 缩小及放大：把鼠标指针移到"缩放控点"上，当其变成斜向的双向箭头形状时，拖动鼠标即可调整整个表格的大小。

☑ 删除：选择【表格】→【删除】→【表格】命令，即可删除已选定的表格。

3）插入行、列、单元格

☑ 要添加行，具体操作如下。

（1）选定将在上面插入新行的行，选定的行数与要添加的行数相同。选择【表格】→【插入单元格】命令，在打开的【插入单元格】对话框中选中【整行插入】单选按钮，单击【确定】按钮即可。若将插入点移到表格某行的后面，按 Enter 键也可增加一行。

（2）可用绘制表格方式添加行。

（3）若要在表格最后添加行，可选最后一行最后一个单元格，按 Tab 键。

☑ 要添加列，具体操作如下。

（1）选定几列，在选定的区域内右击，在弹出的快捷菜单中选择【插入列】命令。

（2）可用绘制表格方式添加列。

（3）若在最后添加一列，可用下述方法来完成。

①在最后一列外侧单击。

②选择【表格】→【选定列】命令。

4）删除行、列、单元格

选中要删除的行、列或单元格，选择【表格】→【删除】→【行】、【列】或【单元格】命令。

5）合并单元格

（1）选定要合并的单元格。

（2）选择【表格】→【合并单元格】命令。

6）拆分单元格

（1）选定要拆分的单元格。

（2）选择【表格】→【拆分单元格】命令。

7）调整表格行高和列宽

（1）利用表格框线调整列宽和行高

将鼠标指针移到表格的竖框线上，当真变为垂直分隔箭头形状时，拖动框线到新位置，松开鼠标后该竖线即移至新位置，其右边各列的框线则不动，即完成列宽的调整。以同样的方法也可以调整表行高度。

若拖动的是当前被选定的单元格的左右框线，则将仅调整当前单元格宽度。

（2）利用标尺调整列宽和行高

将鼠标指针移到表格中时，Word 将在标尺上用交叉槽标识出表格的列分隔线。用鼠标拖动列分隔线，与使用表格框线一样可以调整列宽，所不同的是使用标尺调整列宽时，其右边的框线也将作相应的移动。同样，用鼠标拖动垂直标尺的行分隔线可以调整行高。

（3）利用【表格】菜单调整列宽和行高

当要调整表格的列宽时，应先选定该列或单元格，选择【表格】→【表格属性】命令，打开【表格属性】对话框，选择【列】选择卡，从中调整列宽。其中，【前一列】和【后一列】按钮用来设置当前列的前一列和后一列的宽度。行高的设置基本与列宽设置方法一样，通过【表格属性】对话框的【行】选择卡来调整行高。

5. 表格的修饰

1）单元格的对齐方式

选定需要对齐操作的单元格，单击鼠标右键，在弹出的快捷菜单中选择【单元格对齐方式】命令，选择所需设定的对齐方式，如图 4-36 所示。

2）设置表格边框和底纹

选定要设置边框或底纹的单元格区域，然后选择【格式】→【边框和底纹】命令，在弹出的【边框和底纹】对话框中进行相应的设置。

3）表格自动套用格式

选择【表格】→【表格自动套用格式】命令，在弹出的【表格自动套用格式】对话框的【表格样式】列表框内选择一种样式。

4）标题行重复

（1）选定第一页表格中的一行或多行标题。

（2）选择【表格】→【标题行重复】命令。

图 4-36　单元格对齐方式

6. 表格内数据的排序和计算

1）在表格中排序

☑　使用排序按钮进行排序，具体操作步骤如下。

（1）将插入点置于要排序的列的任一单元格中。

（2）单击【表格和边框】工具栏上的【升序排序】按钮 或【降序排序】按钮 。

☑　使用【排序】命令进行排序，具体操作步骤如下。

（1）将插入点置于要排序的表格中。

（2）选择【表格】→【排序】命令，打开如图 4-37 所示的【排序】对话框。

（3）在【主要关键字】下拉列表框中选择用于排序的主要关键字，在【类型】下拉列表框中选择一种排序类型。

（4）选中【升序】或【降序】单选按钮，设置排序方式。如果需要，还可以指定【次要关键字】和【第三关键字】。

（5）单击【确定】按钮，完成排序设置。

2）在表格中计算

（1）将光标放置在要输入计算结果的单元格中。

（2）选择【表格】→【公式】命令，打开【公式】对话框，如图 4-38 所示。

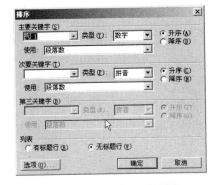

图 4-37　【排序】对话框

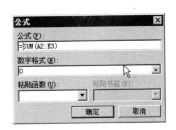

图 4-38　【公式】对话框

（3）在【公式】文本框的等号后输入函数名和要参与运算的单元格的地址，在【数字格式】下拉列表框中选择数字格式。

（4）单击【确定】按钮，计算结果会显示在光标所在的单元格中。

7．表格属性

1）表格跨页操作

一般情况下，一张表格应尽量在一页纸中编排，不要跨页。方法如下：

（1）将插入点移到表格中。

（2）选择【表格】→【表格属性】命令，在打开的【表格属性】对话框中选择【行】选项卡。

（3）取消选中【允许跨页断行】复选框，单击【确定】按钮。

2）不得不跨页断行时

下一个表格一般要求保持表前面几行的栏目信息，此时可用下述方法进行。

（1）选中几行作为标题的文本。

（2）选择【表格】→【标题行重复】命令。

执行以上操作后，Word 将自动在因分页而拆开表格时，后页表中保留标题信息。

4.1.9 页面设置和打印管理

1．页面设置

下面首先介绍如何设置页边距及纸张大小。

（1）选择【文件】→【页面设置】命令，弹出【页面设置】对话框，如图 4-39 所示。

（2）选择【页边距】选项卡，设置页边距。其中，【装订线】的数值表示的是装订线到页边的距离，而【页边距】表示的则是装订线到正文边框的距离。在【上】、【下】、【左】、【右】数值框中分别输入 4 个方向的页边距，在【方向】选项组中选中【纵向】。

（3）选择【纸张】选项卡，从【纸张大小】下拉列表框中选择纸张的大小，或在【宽度】和【高度】数值框中分别指定纸张的宽度和高度。

（4）单击【确定】按钮。

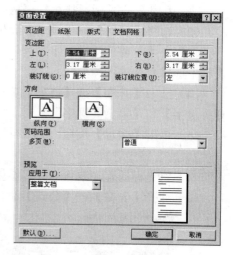

图 4-39 【页面设置】对话框

接下来，将设置文字排列方向和网格。

（1）打开【页面设置】对话框，选择【文档网格】选项卡。

（2）在【文字排列】选项组中设置文字在页面的排列方式。

（3）在【网格】选项组中选中【指定行和字符网格】单选按钮，为文档设置每行的字符数和跨度，以及每页的行数和跨度。

（4）在【应用于】下拉列表框中选择页面设置在文档中的应用范围。

（5）单击【确定】按钮。

2．插入分隔符

插入分隔符的操作步骤为：

（1）单击需要插入分隔符的位置。

（2）选择【插入】→【分隔符】命令，弹出【分隔符】
对话框，如图 4-40 所示。

（3）选择一种分隔符或分页符。

图 4-40　【分隔符】对话框

☑　插入分页符

当文本或图形等内容填满一页时，Word 会自动插入一个分页符并开始新的一页。如果
要在某个特定位置强制分页，可手动插入分页符，这样可以确保章节标题总在新的一页
开始。

☑　插入分栏符

对文档（或某些段落）进行分栏后，Word 会在适当的位置自动分栏。若希望某一内容
出现在下栏的顶部，则可用插入分栏符的方法来实现。

☑　插入换行符

通常情况下，文本到达文档页面右边距时，Word 将自动换行。在【分隔符】对话框中
选中【换行符】单选按钮，单击【确定】按钮（或直接按 Shift+Enter 组合键），在插入点
位置可强制断行（换行符显示为灰色"↓"形）。与直接按 Enter 键不同，这种方法产生的
新行仍将作为当前段的一部分。

☑　插入分节符

节是文档的一部分。插入分节符之前，Word 将整篇文档视为一节。在需要改变行号、
分栏数或页眉、页脚、页边距等特性时，需要创建新的节。在【分节符类型】选项组中选
择下面的一种。

➤　　下一页．选中此单选按钮，光标当前位置后的全部内容将移到下一页面上。

➤　　连续：选中此单选按钮，Word 将在插入点位置添加一个分节符，新节从当前
　　　　页开始。

➤　　偶数页：光标当前位置后的内容将转至下一个偶数页上，Word 自动在偶数页
　　　　之间空出一页。

➤　　奇数页：光标当前位置后的内容将转至下一个奇数页上，Word 自动在奇数页
　　　　之间空出一页。

（4）单击【确定】按钮。

3．插入页码

插入页码的具体操作步骤如下：

（1）选择【插入】→【页码】命令，打开【页码】对话框，在【位置】和【对齐方式】
下拉列表框中选择页码的位置和对齐方式，如图 4-41 所示。

（2）单击【格式】按钮，打开【页码格式】对话框，如图 4-42 所示。

（3）在【数字格式】下拉列表框中选择页码的格式。在【页码编排】选项组中选中【续
前节】单选按钮，就可以与前一节的页码顺序接排。如果重新编号，则选中【起始页码】

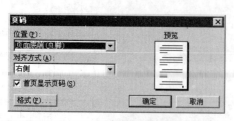

图 4-41　【页码】对话框　　　　　　　　图 4-42　【页码格式】对话框

单选按钮，然后在后面的数值框中输入起始的页码号即可。

（4）单击【确定】按钮。

4．设置页眉和页脚

（1）添加页眉和页脚

①选择【视图】→【页眉和页脚】命令，页面顶部出现页眉虚线框和【页眉和页脚】工具栏，如图 4-43 所示。

图 4-43　【页眉和页脚】工具栏

②在光标位置输入页眉的内容并设置好格式。

③单击【在页眉和页脚间切换】按钮，切换到页脚编辑区。

④输入页脚的内容。

⑤单击【页眉和页脚】工具栏上的【关闭】按钮。

（2）编辑页眉页脚

双击已设置的页眉或页脚，即可进入页眉和页脚的编辑状态。

5．打印文档

文档设置完毕后，即可进行打印。打印之前，可通过打印预览来查看文档的效果。具体步骤如下：

（1）选择【文件】→【打印预览】命令，或者单击【常用】工具栏中的【打印预览】按钮，切换到打印预览视图。在打印预览窗口中看到的文档效果就是打印出来的效果。预览有多页同时显示，也有单页显示。

单击【单页】按钮，预览窗口中的文档将按照单页来显示；单击【多页】按钮，选择一种分页的方式，则可多页显示。

（2）预览完成后，单击【关闭】按钮退出打印预览视图，返回文档窗口。

预览并确定没有问题后，即可开始打印输出该文档。具体步骤如下：

（1）选择【文件】→【打印】命令，打开【打印】对话框。

（2）在【打印】对话框中根据实际需要设置打印选项。

（3）单击【确定】按钮。

4.2 Excel 2003

4.2.1 Excel 2003 概述

在日常工作中，经常需要编制和处理各种表格。有了 Excel 2003，一切都变得轻松、简单。Excel 2003 是一款功能强大的电子表格处理软件，不仅能够建立和管理表格，还可以对表格中的数据进行复杂的运算、图表分析和统计等操作。

Excel 2003 拥有三大基本功能，分别介绍如下。

（1）表格制作功能：用户可以建立和编辑表格，包括表格中数据的输入、编辑、公式计算、复制、粘贴、格式设置及打印等基本操作。

（2）图表功能：Excel 2003 提供了图表功能，以方便用户建立和设置多种图表样式，帮助用户直观、形象地分析数据特征，使得数据易于阅读和评价，便于分析和比较。

（3）数据库管理功能：Excel 允许把工作表中的数据作为数据清单，并提供数据的排序、筛选、透视表和分类汇总等数据库管理功能。

1. Excel 2003 工作环境

在系统中安装了 Excel 2003 后，用户进入和退出 Excel 2003 的方法与 Word 2003 相似，在此不再赘述。但需要注意的是，Excel 的快捷方式图标为 。

对于 Excel 2003 来说，其工作界面与 Word 2003 也有许多相似之处，如同样包括标题栏、菜单栏、工具栏和状态栏等，但根据其使用功能的差异，其界面也有所变化，如图 4-44 所示。

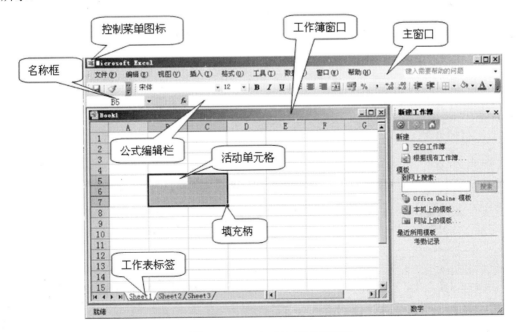

图 4-44　Excel 2003 的工作界面

下面分别对各组成部分作一简介。

（1）标题栏

Excel 工作窗口的标题栏上显示的是 Microsoft Excel 和工作簿名称（默认为 Book1、Book2…）。

（2）菜单栏

菜单栏由【文件】、【编辑】、【视图】、【插入】、【格式】、【工具】、【数据】、【窗口】和【帮助】9 个菜单项构成，涵盖了表格处理的各种常用命令。

（3）工具栏

Excel 2003 同样提供了大量丰富、灵活的工具按钮，用以进行快速命令操作。Excel 将这些工具按钮根据功能划分成组来显示，即分成不同的工具栏。为了不使 Excel 工作界面空间显得过于拥挤、凌乱，在工作界面中通常只会显示常用的几个工具栏。例如，【常用】工具栏和【格式】工具栏会以系统默认的方式出现在工作窗口中，而其他绝大多数的工具栏会被系统隐藏起来。当需要使用这些工具栏时，用户可自行设置其显示与隐藏。

自定义工具栏主要包括工具栏的显示、隐藏、调整位置及为工具栏设置显示项等，分别介绍如下。

☑　显示工具栏

选择【视图】→【工具栏】命令，弹出如图 4-45 所示的【工具栏】菜单。其中，前面带有"✓"标记的表示选中该工具栏，而没有"✓"标记的则表示没有选中相应的工具栏。被选中的工具栏将自动在 Excel 工作窗口中合适的位置出现，供用户使用。

另外，在【工具栏】菜单中选择【自定义】命令或直接选择【工具】→【自定义】命令，打开如图 4-46 所示的【自定义】对话框。在该对话框中的【工具栏】选项卡中，选中或取消选中相应的复选框也可以显示或隐藏相应的工具栏。

图 4-45　【工具栏】菜单

图 4-46　【自定义】对话框

☑　调整工具栏的位置

除了【常用】工具栏和【格式】工具栏的位置较为固定外，许多工具栏会直接以浮动窗口的形式出现在 Excel 的数据编辑区域，直接影响到文件数据的编辑操作。因此，常常需要用户手动去调整这些工具栏的位置。调整工具栏位置的操作步骤如下：

①将鼠标指向这些浮动窗口的标题栏，按住左键不放，鼠标指针将变为✛形状。

②移动该浮动窗口到合适的位置，此时浮动窗口将以工具栏的形状显示，其最右侧原来的【关闭】按钮呈隐藏状态。

☑　隐藏工具栏

对于一些不经常使用的工具栏，用户可将其隐藏起来以简化工作界面。隐藏的步骤如下：

①将鼠标指向要隐藏工具栏的左边界处，当鼠标指针呈✛形状时，按住左键不放。

②移动该工具栏到表格的编辑区域，使工具栏呈浮动的窗口形状。

③单击该窗口的关闭按钮即可。

☑　设置显示项

通常一个工具栏中包含若干个工具按钮，但对用户来说，不一定每一个工具按钮都会用到，因此本着精简工作界面的原则，可以将其分别显示和隐藏。具体的操作过程如下：

①单击需要调整的工具栏最右侧的【工具栏选项】按钮 。

②在弹出的下拉菜单中选择【添加或删除按钮】命令。

③根据不同的工具栏功能，确定是否选中对应子菜单中的复选命令即可。

例如，为【常用】工具栏增删工具按钮的具体操作过程如下。

①单击【常用】工具栏最右侧的【工具栏选项】按钮 。

②选择【添加或删除按钮】→【常用】命令，弹出如图 4-47 所示的【工具栏选项】菜单。

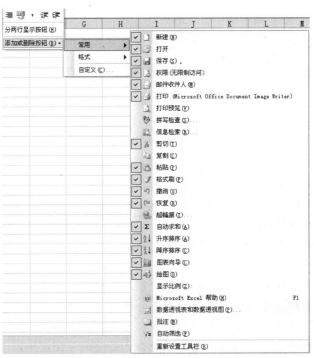

图 4-47　【工具栏选项】菜单

③选择需要显示的工具按钮所对应的复选命令，使其前面以"√"标记，则该工具按钮就会在对应工具栏中出现；如果要将某些工具按钮隐藏起来，取消选中该工具按钮所对应的复选命令（即"√"标记消失）即可。

通过这样的操作，便可以精简【常用】工具栏上一些不常用的工具按钮，达到简化界面的目的。

（4）状态栏和任务窗格

Excel 中的状态栏和任务窗格的作用也与 Word 中的相似，这里不再赘述。

（5）编辑栏

编辑栏是 Excel 程序所独有的，由公式编辑栏和名称框两部分组成。其中，公式编辑栏主要是用来输入和编辑单元格公式等内容，但也可以用来显示活动单元格中的数据或已经使用的公式或函数；名称框则用于显示活动单元格的地址或名称。

（6）工作表区

工作表区又称工作表编辑区，主要由单元格、网络线、行号和列标、滚动条和工作表标签等构成，是进行表格数据实际操作的区域。

（7）工作表标签

工作表标签位于工作表区的下方，显示了 Excel 工作簿中所有工作表的名称。一般情况下，系统默认的工作表标签为 Sheet1、Sheet2…。用户可以根据需要重新为工作表命名，如将 Sheetl 重命名为"记分册表"等。通过工作表标签可以在不同工作表之间进行切换。

2．Excel 的基本概念

（1）工作簿

所谓工作簿（Book），是 Excel 用来储存和处理工作表数据的文件。它是存储数据的基本单位，用户使用 Excel 处理的各种数据最终都是以工作簿文件的形式存储在磁盘上，其扩展名为".xls"。一个工作簿可以包含一张或多张工作表（Sheet），最多可达 255 张工作表。默认情况下，通常包含 3 张工作表，默认名称分别为 Sheet1、Sheet2、Sheet3。如果继续添加工作表，则新插入的工作表会以默认名称 Sheet4、Sheet5…依次排列下去。

（2）工作表

工作表（Sheet）是一个由行和列交叉排列的二维表格，也称电子表格，是 Excel 完成工作的基本单位 。Excel 中的工作表是不能离开工作簿而单独存在的，而一个工作簿应该最少包含一张工作表，最多可建立 255 张工作表，而每张工作表可由 256 列、65536 行构成（每列使用从 A、B…Z，AA、AB…BA、BB…一直到 IV 的字母序列来标识，也称为列标；每行使用数字 1~65536 标识，称为行号），工作表中行和列交叉形成单元格（Cell），因此每张工作表最多可拥有 65536×256 个单元格。

（3）单元格

单元格（Cell）是由行、列交叉形成的部分，是工作表中最基本的数据单元，也是电子表格软件处理数据的最小单位。单元格名称（也称单元格地址）是由列标和行号来标识的，列标在前，行号在后。例如，第 1 列第 4 行的单元格地址是 A4， 第 4 列第 8 行单元格地址是 D8 等，以此类推。通常，单元格名称在编辑栏上的名称框中显示，用以表示当前活动单元格的地址。

（4）单元格区域

单元格区域是指由多个相邻单元格形成的矩形区域。单元格区域的地址表示为：

左上角起始单元格地址:右下角最末单元格地址

例如：由左上角 A4 单元格到右下角 D8 单元格组成的单元格区域，表示为 A4:D8。

（5）填充柄

当选定一个单元格或单元格区域时，黑色矩形框的右下角有一✚图标，称为填充柄，通过填充柄可完成单元格格式、公式的复制、序列填充等操作。

4.2.2　建立工作表

1. 建立工作簿

在 Excel 2003 工作界面中有两类窗口，其中较大的窗口是 Excel 的应用程序窗口，主要包括菜单栏、【常用】工具栏和编辑栏等，通常将该窗口也称为大窗口或主窗口；而另一类则称为小窗口或工作簿窗口，可以有多个，其标题栏会分别显示标题为 Book1（文件名）、Book2…。

工作表不能离开工作簿而单独存在，因此要建立工作表必须先建立工作簿。

（1）建立工作簿

建立工作簿的方法有多种，下面介绍几种常用方法。

☑　双击桌面上的 Excel 快捷方式图标。

☑　选择【开始】→【程序】→Excel 2003 命令。

☑　选择【开始】→【运行】命令，在弹出的【运行】对话框中输入 Excel 命令。

以上方法属于初次建立 Excel 文档，待启动 Excel 后，将自动生成一个默认名称为 Book1 的工作簿文件，并且显示其第一个工作表（Sheet1）。

如果已经处在 Excel 的工作环境下，还需要继续建立其他的工作簿文件，则可以使用下面的方法。

☑　单击【常用】工具栏中的【新建】按钮。

☑　选择【文件】→【新建】命令，弹出【新建工作簿】任务窗格，单击【空白工作簿】超链接。

☑　如果要建立一个基于系统模板的工作簿文件，可在【新建工作簿】任务窗格中单击【本机上的模板】超链接，打开如图 4-48 所示的【模板】对话框。选择【电子方案表格】选项卡在中间的列表框中选择所需的模板，同时可在【预览】选项组中看到预览效果。

☑　用户还可以将一些自己设计好的工作簿当作模板来使用。例如，在【新建工作簿】任务窗格中单击【根据现有工作簿】超链接，在单击的【根据现有工作簿新建】对话框中进行设置，完成工作簿的建立。

（2）保存工作簿

Excel 2003 中工作簿的保存同样分为"保存"和"另存为"两种命令方式。常用的保存方法主要有：

☑ 单击【常用】工具栏上的【保存】按钮。

☑ 选择【文件】→【保存】或【另存为】命令。

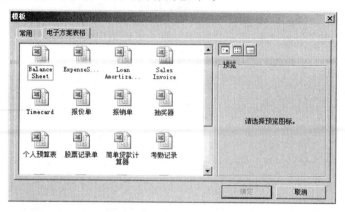

图 4-48 【模板】对话框

以上两种方法如果是初次保存，都将弹出如图 4-49 所示的【另存为】对话框，用户只需要输入保存的文件名，并选择保存路径及保存类型即可。对已经存在的文件再次打开并编辑修改后，如果需要在原位置以原来的文件名保存，也可以采用以上两种方法中的任意一种，系统会自动在原位置进行保存操作。

图 4-49 【另存为】对话框

📢 注意：执行该操作后，可能用户觉察不到系统已经保存了所做的修改，但保存操作确确实实已经执行。

对于已有文件，也可以通过选择【文件】→【另存为】命令，来重新为其指定新的存储位置和新的文件名。

（3）关闭工作簿

工作簿保存完毕后，如果不再需要，可以将其关闭。

关闭时要注意的是：工作簿窗口可以逐一关闭退出，但主窗口一旦被关闭，其内部的工作簿窗口也会被关闭。例如，如果单击主窗口标题栏上的【关闭】按钮，则所有工作簿都会被关闭；如果单击工作簿窗口标题栏右侧的【关闭】按钮，则只关闭当前工作簿，而不影响其他正在处理的工作簿。

如果关闭工作簿之前，还未对其保存，则系统自动弹出如图 4-50 所示的提示对话框，询问用户是否保存该工作簿。

（4）保护工作簿

Excel 2003 具有保护工作簿的功能，能保护工作簿不被移动、更名、隐藏和删除等。保护工作簿的方法如下：

选择【工具】→【保护】→【保护工作簿】命令，弹出如图 4-51 所示的【保护工作簿】对话框。选中【结构】复选框，则可以保护工作簿的结构不被移动、重命名、隐藏和删除等；选中【窗口】复选框，则可以使工作簿窗口不被移动、缩放、隐藏或关闭等；【密码（可选）】文本框用于限制保护结构和窗口的设置权限，需要提供密码才能修改。

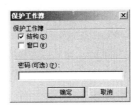

图 4-50　【关闭询问】对话框　　　　图 4-51　【保护工作簿】对话框

2．工作表数据的输入

（1）数据类型

Excel 以不同方式存储和显示各单元格中的数据，各种类型的数据都具有其特定的格式。其数据类型可分为 4 种，分别是文本、数字、逻辑值和出错值。Excel 允许向单元格中输入中文、英文、数字和公式等。

①文本

单元格中的文本包含键盘上的西文字符、数字、汉字等，这类数据被称为字符型数据。Excel 自动识别文本值，在单元格中自动左对齐排列。每个单元格最多可包含 32000 个字符型数据，当单元格列宽容不下文本字符串时，系统允许占用相邻的单元格来显示，但如果相邻单元格中已有数据，则当前单元格中过长的文本将被截断显示。当一个单元格被选定后，其中的文本值即按输入时的形式显示在编辑栏中。

另外，数字型地址、日期和数值等，如果需要以文本值的方式存储，也只需将该值之前置一个西文状态下的单引号即可。例如，在一个单元格中输入了"'2011"，则数值 2011 将在该单元格中以左对齐方式显示，单引号（撇号）并不出现在该单元格中。但是该单引号（撇号）会出现在公式编辑栏中，以表示该数值是以文本值形式在单元格中存储的。

②数字

数字值可以是日期、时间、货币、百分比、分数、科学记数等形式，它们由数字字符 0～9、+、-、（，）、E、e、%、.、$、￥组成，这类数据称为数值型数据，在单元格中自动右对齐显示。当单元格容纳不下一个未经格式化的数字时，系统会自动采用科学记数法显示该数据。但如果 Excel 用科学记数的方式显示数据而超出单元格基本长度时，在单元格中会出现"######"符号，而实际数据是依旧有效的，此时需要人工扩展单元格的列宽，以看到完整的数值。对任何单元格中的日期和时间也认为是数字，它们有特定的格式。例如，2011-3-13 12:00 AM、2011 年 2 月 31 日等。

③逻辑值

在单元格中可以输入逻辑值 True 和 False。逻辑值经常用于书写条件公式。另外，一些公式也返回逻辑值。

④出错值

在使用公式时，单元格中可能会显示错误的结果代码。例如，在公式中让一个数除以 0，单元格中就会显示"#DIV/0!"这样的出错值。在 Excel 中常见的出错字符有以下几种：

- ☑ #DIV/0!：表示输入的公式中包含除数为零或空白单元格。
- ☑ #N/A：表示公式中的参数值为无效值。
- ☑ #NAME?：表示在当前工作表中，公式中的文本不是一个有效函数或设置的函数名称无法识别。
- ☑ #NULL!：如果指定两个并不相交区域的交叉点，则将出现该错误代码。
- ☑ #NUM!：输入的公式所得出的数值太大、太小或是虚构不成立或不存在。
- ☑ #REF!：公式中含有无效的单元格引用。
- ☑ #VALUE!：公式中使用了不正确的参数类型。

（2）输入数据

在 Excel 2003 中，一个工作簿可包含多张工作表，而每一张工作表由大量的单元格组成。单元格是 Excel 保存数据的最小单位，所以在工作表中输入数据实际上就是在单元格中输入数据。另外，向单元格输入数据时又可将其分为两种类型，即常量和公式。常量是指没有以"="开头的数据，包括文字、数字、日期、时间等。公式是由常量值、单元格引用、单元格名称、函数或操作符组成的序列，必须以"="开头。在单元格中输入公式后，系统会将计算结果显示出来，如果公式中引用的值发生改变，那么由公式产生的值也随之改变。

数据输入过程中应注意以下事项：

- ☑ 输入多行：当在一个单元格内需要输入多行时，可按 Alt+Enter 键来实现换行。
- ☑ 负数的输入：使用"-"开头或用"( )"的形式。例如，输入"(5)"后，则显示为"−5"。
- ☑ 日期的输入：使用"/"分隔。例如，直接输入"3/5"后，显示为"3 月 5 日"。
- ☑ 分数的输入： 先输入"0"和空格，再输入分数，分隔线使用"/"。例如，输入"0 ⊔ 3/5"可得到"3/5"（注意：必须加空格，否则会显示为 3 月 5 日）。

当输入的数字长度超过单元格的列宽或超过 11 位时，数字将以科学记数的形式表示，例如（1.1E+15）。若不希望以科学记数的形式表示，则应对超过宽度的数字的格式进行设置。例如，输入身份证号可以用"'"开头，使其以文本数据格式存储，就不会出现身份证号采用科学记数的形式；当科学记数形式仍然超过单元格的列宽时，屏幕上会出现"###"符号，可以通过人工加大列宽进行调整。

当在工作表的单元格内输入数据时，其正文后会出现一条闪烁的竖线，这条竖线表示正文的当前输入位置。单元格的内容输入完毕后，可按方向键或者 Enter 键或者 Tab 键进入其相邻的单元格，并使该单元格成为活动单元格。

输入数据的步骤如下：

①单击对应的工作表标签，使该工作表成为当前活动工作表。

②单击需要输入数据的单元格，使该单元格成为当前活动单元格。

③在活动单元格中输入数据并按 Enter 或 Tab 键。

④重复以上步骤可完成所有数据的输入。

🔊 **注意**：Excel 中只能有一个当前活动工作表，当前活动单元格也只能有一个。

在工作表中，数据输入的方法有多种，除了可按上述步骤在单元格中逐一输入外，也可以利用 Excel 的快速输入和自动填充功能，在多个格单元格或单元格区域内输入相同数据或在多张工作表中自动填充有规律的大量数据，以提高工作效率。

☑　快速输入相同数据

①选择需要输入数据的单元格或单元格区域，此区域也可以不连续。

②在活动单元格中输入数据。

③按 Ctrl+Enter 键即可。

☑　快速填充数据

在 Excel 中，利用填充柄可以快速填充数据。填充柄位于活动单元格的右下角或所选范围的右下角，将鼠标指针指向填充柄时，它将变为**＋**形状，表明"自动填充"功能已生成。

填充数据时，如果所填充数据内容不是 Excel 能够自动识别的序列，则自动填充功能会在鼠标拖动方向简单复制所选内容；如果所要填充的内容能被系统识别，则自动填充功能会按照趋势填充扩展数据。另外，Excel 的自动填充功能可以自动识别日期、星期、月份等完整的或缩略的序列形式。

Excel 按预测填充趋势自动填充数据，其操作步骤如下。

①先选择多个单元格，给出数据趋势。

②将鼠标指针指向单元格的填充柄，按下鼠标左键不放，沿某一方向拖动完成填充。

例如，要建立学生记分册，在 A 列相邻两个单元格 A1、A2 中分别输入学号 201012340101 和 201012340102，然后选中 A1、A2 单元格区域，拖动填充柄，Excel 在预测时自动认为它满足等差数列，因此会依次填充 201012340103 和 201012340104 等值，如图 4-52 所示。

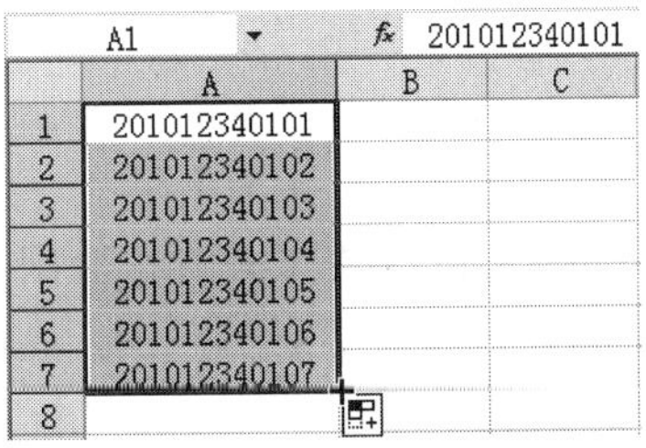

图 4-52　学号填充序列

另外，也可以只在 A1 单元格中直接输入学号 201012340101，然后拖动 A1 单元格右下角填充柄的同时按住 Ctrl 键，也可以完成学号趋势序列的快速输入。

通常，系统默认为趋势序列的填充按"等差"序列进行，用户也可以选择按其他序列方式填充，如"等比"、"日期"等。这就需要用户自定义序列，其方法是选择【编辑】→【填充】→【序列】命令，在弹出的如图 4-53 所示【序列】对话框进行设置。

除了趋势序列外，Excel 也提供了一些可自动扩展的填充序列。例如，表格中需要如图 4-54 所示星期序列，那么只要在工作表的一个单元格中输入"星期一"，然后用鼠标指向其右下角的填充柄，沿任意方向拖动，即可自动填充对应的星期序列等。当自动填充扩充至某个有限序列的尽头时，如星期或月份，则填充操作会重复该序列。

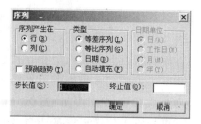

图 4-53　【序列】对话框

对于这样的序列，用户也可以自己来定义。自定义序列也可以像系统自带的序列一样，被自动识别和填充。选择【工具】→【选项】命令，在弹出的【选项】对话框中选择【自定义序列】选项卡，从中即可自定义序列，如图 4-55 所示。

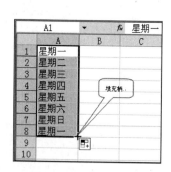

图 4-54　"星期"序列

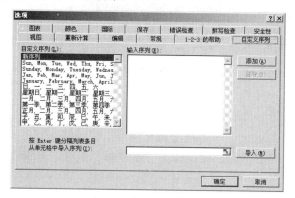

图 4-55　【自定义序列】选项卡

3．工作表数据的编辑

（1）修改单元格中的数据

已经输入到工作表中的数据还可以根据需要重新进行修改，其方法是先选择要修改数据的单元格，再直接输入新数据，此时该单元格中原来的数据内容会全部被新输入的内容替换掉。另外，也可以双击该单元格，定位光标到单元格内需要修改的字符旁，进行部分或全部内容的修改。

（2）复制和粘贴数据

在 Excel 中经常要进行数据的复制和粘贴操作，以满足用户快速编辑的需求。在工作表中可以先使用【复制】命令将数据临时放到剪贴板中，然后再使用剪贴板，完成单元格数据的粘贴操作。另外，在进行复制和粘贴的过程中，可以根据需要，去除单元格或单元格区域中某些格式或公式。

在默认状态下，从其他工作表中粘贴过来的数据具有原工作表自身特有的格式。如果粘贴操作中发生错误，可以使用 Excel 提供的智能标记改变粘贴数据的格式。单击智能标记将打开下拉菜单进行指明，其中：

- ☑ 选择【匹配目标区域格式】选项，表示除保留公式外，去除所有的格式。
- ☑ 选择【值和数值格式】选项，可将公式转换成所得数值，保留现有格式并粘贴到新位置。

☑　选择【保留源列宽】选项，将复制所有的公式、数字格式、单元格格式以及列宽。

☑　如果要将表格的格式复制到新的工作表，则选择【仅格式】，然后在新位置添加数据即可。

☑　选择【链接单元格】选项，可将粘贴的数据转换成其他工作表的链接。

另外，也可以通过【选择性粘贴】对话框完成数据的粘贴。其方法是：执行完【复制】命令后，选择【编辑】→【选择性粘贴】命令（或通过右击，在弹出的快捷菜单中选择【选择性粘贴】命令），打开如图 4-56 所示的【选择性粘贴】对话框。

图 4-56　【选择性粘贴】对话框

在【选择性粘贴】对话框内，有多种粘贴选项供用户选择。其中粘贴区域：

☑　全部：用来将数据从一个区域复制到另外一个区域，包括公式和格式的复制。

☑　公式：用来将数据从一个区域复制到另外一个区域，也包括公式的复制，但不包含格式。

☑　数值：用来将公式转换成结果，常用于常数或文本粘贴。该选项用来将非临近区域的公式转换成相应的结果，不支持数据格式的复制。

☑　格式：用来将一个单元格区域的所有格式复制到另一单元格区域。

☑　批注：用来将某一位置的批注粘贴到所复制位置。

☑　有效性验证：用来检查数据输入的有效性。

☑　边框除外：用来跳过单元格边框进行粘贴。

☑　列宽：用以复制列宽。

☑　公式和数字格式：用来复制数字格式，但不保留其他单元格格式。

☑　值和数字格式：用来保持数据格式，同时也不影响其他单元格格式。

操作区域的功能是它能在一组数据之间完成数学转换，且不会破坏当前工作表的结构。

（3）清除数据

在 Excel 中，清除单元格和删除单元格是有区别的。例如，要删除单元格，可以直接选择该单元格并按 Delete 键即可。如果不想完全删除单元格，那么应该选择【编辑】→【清除】命令，在其子菜单中提供了全部、内容、格式和批注 4 个命令，用户可以根据需要选择清除。

（4）设置数据有效性

在 Excel 2003 中，允许使用"数据有效性"来控制单元格可以接受的数据类型。使用这种特性，可以有效地减少和避免输入数据的错误。数据有效性的设置步骤如下：

①选择要设置有效性规则的单元格或单元格区域。

②选择【数据】→【数据有效性】命令，在弹出的如图 4-57 所示【数据有效性】对话框进行相应的设置。

（5）插入和编辑批注

单元格批注是一种对单元格内容进行注解的方法。批注可以供自己使用作为提示，也可以提供给他人作为注释。在单元格中插入批注的步骤如下：

①选择要插入批注的单元格。

②选择【插入】→【批注】命令，打开如图 4-58 所示的批注编辑框，输入需要的说明文字即可。

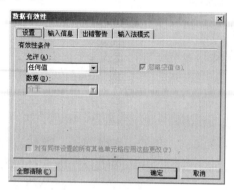

图 4-57　【数据有效性】对话框

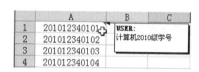

图 4-58　批注编辑框

如果需要重新编辑批注，可以再次选择该单元格，选择【插入】→【编辑标注】命令，此时原来的【批注】命令已经变成【编辑批注】命令了，即可编辑批注。

另外，对于不再需要的批注，用户也可以将其删除。删除批注的方法：右击该单元格，在弹出的快捷菜单中选择【删除批注】命令即可。

4．工作表数据的格式化

在 Excel 工作表中，用户输入到单元格内的数据及样式并不一定是显示并存储在该单元格里的数据样式。因此，向工作表中输入数据时，首先是快速输入数据内容，然后再对其进行格式化设置，以便形成格式清晰、内容整齐、样式美观的工作表。通过设置工作表格式可以建立不同风格的数据表现形式，并且可以实时预览数据被格式化后的效果，非常简单、方便。Excel 工作表中的格式设置主要包括单元格中数据格式和单元格格式方面的设置，下面将分别介绍。

（1）调整单元格的列宽和行高

新建立的工作表，其默认的行高是 14.25 点，列宽是 8.38 个字符宽度。当用户输入数据时，也可以根据需要改变行高或列宽。对于行高来说，系统会根据字体的大小自动调整；但当表格中的内容的宽度超过当前的列宽时，则由用户对列宽进行手动调整。调整列宽的方法如下：

☑　把鼠标指针移到要调整宽度的列标题右侧的边线上，当其变为 ✛ 形状时，按住鼠标左键不放，在水平方向上拖动，即可调整列宽到合适宽度。

☑　选择【格式】→【行高】或【列宽】命令，输入行高或列宽的数值即可。

（2）设置单元格格式

在进行数据格式化之前，通常要先选定需格式化的数据区域，然后选择【格式】→【单元格】命令，在弹出的【单元格格式】对话框中进行单元格格式的设置，如图 4-59 所示。该对话框包括 6 个选项卡，即【数字】、【对齐】、【字体】、【边框】、【图案】和【保护】选项卡。

图 4-59　【单元格格式】对话框

☑　【数字】选项卡

用于设置"数字"数据的格式，包括【常规】、【数值】、【货币】、【会计专用】、【日期】、【时间】、【百分比】、【分数】、【科学记数】、【文本】和【特殊】等。此外，用户还可以自定义数据格式，使工作表中的内容更加丰富。在上述数据格式中，【数值】格式可以选择小数点的位数；【会计专用】可对一列数值设置所用的货币符号和小数点对齐方式；在【文本】格式中，数字作为文本处理；【自定义】则提供了多种数据格式，用户可以通过格式列表框进行选择，而每一种选择都可通过系统即时提供的说明和实例来了解。

☑　【对齐】选项卡

Excel 中设置了默认的数据对齐方式，在新建的工作表中进行数据输入时，文本自动左对齐，数字自动右对齐。单元格中的数据在水平和垂直方向都可以选择不同的对齐方向，Excel 还为用户提供了单元格内容的缩进及旋转等功能。

水平对齐包括左对齐、右对齐、居中对齐等，默认为文字左对齐，数值右对齐。垂直对齐则包括靠上对齐、靠下对齐及居中对齐等，默认为靠下对齐。在【方向】选项组中，还可以将选定的单元格内容完成从–90°到+90°的旋转，这样就可将表格内容由水平显示转换为各个角度的显示。另外，在【文本控制】选项组中还允许设置【自动换行】、【缩小字体填充】【合并单元格】等功能。

☑　【字体】选项卡

根据需要，用户可以对工作表的数据内容的字体进行设置。方法是：先选定要设置字体的单元格或单元格区域，然后在【单元格格式】对话框的【字体】选项卡中进行设置。

☑　【边框】选项卡

编辑工作表时，显示的表格线是 Excel 系统提供的网格线，但在打印时这些网格线并不能被打印出来。因此，用户需要自己给表格设置边框，使表格打印出来具有所设定的边框线。设置时应注意先选"线形"和"颜色"，再来加"边框"的先后顺序。

☑　【图案】选项卡

为了使表格各个部分的内容更加醒目、美观，Excel 也提供了在表格的不同部分设置不同的底纹图案或背景颜色的功能。

☑　【保护】选项卡

在该选项下，有【锁定】和【隐藏】两个选项供用户选择。其中【锁定】选项防止所选单元格被更改、移动、调整大小或删除。只有在工作表受保护时锁定单元格才有效。而

【隐藏】选项隐藏单元格中的公式，以便在选中该单元格时编辑栏中不显示公式。此选项只有在工作表受保护时才有效。

（3）自动套用格式

对工作表的格式化也可以通过 Excel 提供的自动套用格式功能来完成，它可以快速设置单元格和数据清单的格式，为用户节省大量的时间，制作出优美的报表。

自动套用的格式是指内置的表格方案，在方案中已经对表格中的各个组成部分定义了特定的格式。自动套用格式设置方法为：先选择要格式化的单元格区域，然后选择【格式】→【自动套用格式】命令，弹出如图 4-60 所示的【自动套用格式】对话框，从中选择所要套用的格式，单击【确定】按钮，即可快速套用。

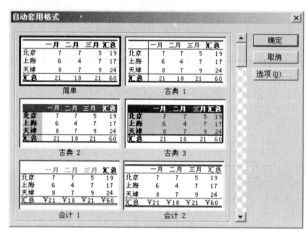

图 4-60　自动套用格式

（4）设置条件格式

Excel 中的条件格式允许用户根据数据的不同数值设置不同的格式，用于突出某些特殊数据。要使用条件格式，先选择要设置条件格式的单元格或单元格区域，再选择【格式】→【条件格式】命令，在弹出的如图 4-61 所示【条件格式】对话框中进行设置。

图 4-61　【条件格式】对话框

（5）使用格式刷复制格式

单击【常用】工具栏中的【格式刷】按钮 ，能够快速复制单元格中的所有格式，包括字体、颜色、边框等格式到另外的单元格。使用格式刷的步骤如下：

①选择包含有格式的源单元格。

②单击或双击格式刷按钮，鼠标指针变成 状。

③单击或拖动到目标位置的单元格，即可将源单元格中已经使用的格式快速套用到目标单元格上。

在此要注意的是，单击鼠标只能复制一次源格式到新单元格，而双击鼠标则可以将源格式多次复制到多个目标单元格中。用完格式刷后，想取消时，只需要再次单击格式刷即可。

5．工作表数据的保存

当完成工作簿的建立和工作表数据的编辑之后，用户必须先对工作簿进行保存操作，然后才可以退出 Excel 应用环境，否则将会导致数据丢失。因为工作表中数据的存储是通过工作簿文件的保存来实现的，只要工作表单元格中的数据有所变化，必须重新执行工作簿的保存操作，这样才不会发生数据丢失。

4.2.3　工作表的基本操作

1．工作表之间的切换

一个工作簿可包含多张工作表，工作表之间用标签 Sheet1、Sheet2…标识。工作表标签位于工作簿窗口底部，每张工作表对应一个唯一的工作表标签。在工作表间进行切换时，只要单击需要显示的工作表标签，则该工作表就会显示在窗口中，即成为当前活动工作表，可以进行数据编辑。

2．工作表的选择和取消选择

（1）工作表的选择

选择工作表是进行工作表编辑的前提。选择工作表的方式有多种，分别介绍如下。

- ☑　选择一张工作表：单击该工作表标签即可。
- ☑　选择多张连续工作表：先单击第一个工作表标签，再按住 Shift 键不放，单击最后一个工作表标签，即可完成多个连续工作表的选择。
- ☑　选择多张不连续的工作表：先单击任何一张需要选择的工作表标签，再按住 Ctrl 键不放，逐个单击需要选择的工作表标签，即可完成多张不连续工作表的选择。
- ☑　选择全部工作表：在工作表标签上单击鼠标右键，在弹出的快捷菜单中选择【选定全部工作表】命令。

（2）工作表的取消选择

当选定工作表后，如果发现有误，只需再次单击任意工作表即可取消当前工作表的选择。

3．工作表的移动或复制

工作表的"移动"与"复制"操作的区别在于，系统的默认设置为未选中【建立副本】复选框，即默认操作为"移动"。如果用户想进行复制操作，则可选中【建立副本】复选框，即可完成复制操作。

另外，如果需要在工作簿中快速移动工作表，则最简单、快捷的方式是单击工作表标签时，不要释放鼠标左键，此时在该标签左上角将出现一黑色三角形指针，拖动鼠标直到将该三角形指针移到需要的位置再释放鼠标，即可移动工作表到需要的位置。

不同工作簿之间的工作表也可以进行移动或复制操作，具体方法如下。

（1）在源工作簿中选择要移动或复制的工作表标签。

（2）单击鼠标右键，弹出如图 4-62 所示的【移动或复制工作表】对话框。在【工作簿】

下拉列表框中选择目标工作簿，用于完成不同工作簿之间工作表的移动或复制；如果省略该操作，则表示为当前工作簿内部的工作表移动或复制。最后单击【确定】按钮，即可完成工作表的移动或复制。

例如，将工作簿 Book1 中的 Sheet1 表复制到 Book2 的 Sheet2 表之前，具体操作步骤如下。

（1）在工作簿 Book1 中选项 Sheet1 工作表标签。

（2）选择【编辑】→【移动或复制工作表】命令，弹出如图 4-62 所示的【移动或复制工作表】对话框。

（3）在【工作簿】下拉列表框中选择目标工作簿 Book2。

（4）在【下列选定工作表之前】列表框中选择要复制工作表的位置 Sheet2。

（5）选中【建立副本】复选框。

（6）单击【确定】按钮，即可将 Sheet1 表复制到 Book2 中的 Sheet2 表之前。

图 4-62 　【移动或复制工作表】
对话框

4．工作表重命名

默认情况下，工作表标签的名称依次为 Sheet1、Sheet2…。用户也可以为工作表重新命名，方法是双击工作表标签，然后输入新名即可。或者选择该工作表标签，单击鼠标右键，在弹出的快捷菜单中选择【重命名】命令，即可完成工作表的重命名。

工作表重命名既要考虑名称的含义，又要尽可能简短，因为字符越多，则占用其他工作表标签的空间就越多。

输入工作表标签的名称需要满足以下要求：

☑　工作表名称长度不超过 31 个字符。

☑　名称中允许包含空格、圆括号，除了名称中的第一个字符外，也可以使用【】作为工作表的名称。

☑　工作表名称中不能包含“/”（斜杠）、“\”（反斜杠）、“?”（问号）、“*”（星号）、“:”（冒号），其他字符都可以用作工作表名。

5．插入工作表

在工作表标签上先选择插入位置，然后选择【插入】→【工作表】命令，则会在当前选定的工作表之前插入一张新的工作表，新表的名称由系统自动给出，用户也可以自己修改。

例如，要在 Sheet1 和 Sheet2 间插入一张新的工作表，可单击 Sheet2 工作表标签，然后选择【插入】→【工作表】命令，即可在 Sheet2 之前快速地插入一张新工作表。

6．删除工作表

工作簿中的工作表也可以由用户进行删除操作，但要注意的是，工作簿中的工作表一旦删除，则为永久性删除，不可以再执行恢复操作，更不会放到回收站中，因此要谨慎执行删除操作。

删除工作表的方法为：先单击要删除的工作表标签，例如单击 Sheet3，然后选择【编辑】→【删除工作表】命令，或单击鼠标右键，在弹出的快捷菜单中选择【删除】命令，此时如果该表没有进行过任何操作则系统直接将该表删除，且不会有任何提示；但如果要删除的表中保存有数据，则进行删除之前，系统将弹出如图 4-63 所示的警告对话框，让用户确定是否要删除该工作表。

图 4-63　删除警告对话框

7．设定默认工作表的个数

在默认情况下，一个工作簿中包含 3 张工作表。用户也可根据需要，通过设置来改变新工作簿中默认工作表的个数。其设置过程为：选择【工具】→【选项】命令，弹出【选项】对话框。在该对话框中选择【常规】选项卡，在【新工作簿内的工作表数】数值框中输入想要设定的工作表个数，单击【确定】按钮。完成设置后，新建立的工作簿中包含的工作表个数将按照设置数目出现。

8．保护工作表

Excel 2003 也提供了保护工作表的功能，以防止工作表数据被他人任意更改和删除。保护工作表的具体步骤如下：

（1）选择要保护的工作表，选择【工具】→【保护】→【保护工作表】命令，弹出如图 4-64 所示的【保护工作表】对话框。

（2）选择允许用户进行的项目，设置该工作表处于保护状态时的密码。

（3）单击【确定】按钮。

处于保护状态中的工作表，依据允许操作的项目来完成操作，否则全部处于受保护状态，要想取消保护，则需提供相应密码。

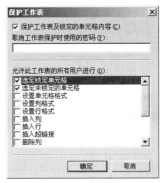

图 4-64　【保护工作表】对话框

9．显示工作表

工作簿窗口内一般只能显示一张工作表的部分内容，若工作表的内容比较多，就需要采用滚屏、缩放、冻结和拆分等方法进行窗口内容的显示。

（1）滚屏显示

滚屏显示就是使用水平滚动条和垂直滚动条来显示工作表内更多的数据，这是一种最常用的查看数据的方法。

（2）缩放控制

缩放控制是通过改变窗口显示比例，使其显示更多内容。方法是选择【视图】→【显示比例】命令，在打开的【显示比例】对话框调整显示比例。

（3）窗口的拆分和撤销拆分

当工作表很大时，在工作簿窗口中往往只能看到工作表的部分数据。如果希望比较、对照工作表中相距较远的数据，则可以将工作表按照水平或垂直方向分割成几个独立窗口，如图 4-65 所示。

拆分窗口的操作过程是：先使要拆分的工作表成为当前活动工作表，然后选择【窗口】→【拆分】命令，则系统会自动将窗口拆分，活动单元格所在的列及右侧的所有列分布在垂直拆分线的右侧，其余的列分布在垂直拆分线的左侧；活动单元格所在的行及下面的所有行会分布在水平拆分线的下面，其余的行分布在水平拆分线的上面。

要撤销已建立的窗口拆分，选择【窗口】→【取消拆分】命令即可。

（4）窗口的冻结和取消冻结

为了在工作表滚动时保持行、列标志或其他数据可见，可以"冻结"窗口顶部和左侧区域。窗口中被冻结的数据区域不会随工作表的其他部分一同移动，并始终保持可见。例如，某班学生人数较多，在屏幕上不能一次完全显示，此时可将第一行全部"冻结"，当拖动垂直滚动条时，用户始终可以看到第一行的"学号"、"姓名"、"英语"等列标。

具体的操作过程为：先选择 C2 单元格为活动单元格，然后选择【窗口】→【冻结窗格】命令，即可出现如图 4-66 所示的"冻结"窗口。在该窗口中，活动单元格的左侧和上面分别出现一条黑色的垂直冻结线和水平冻结线，将所选定的单元格左侧的列和上边的行全部冻结。

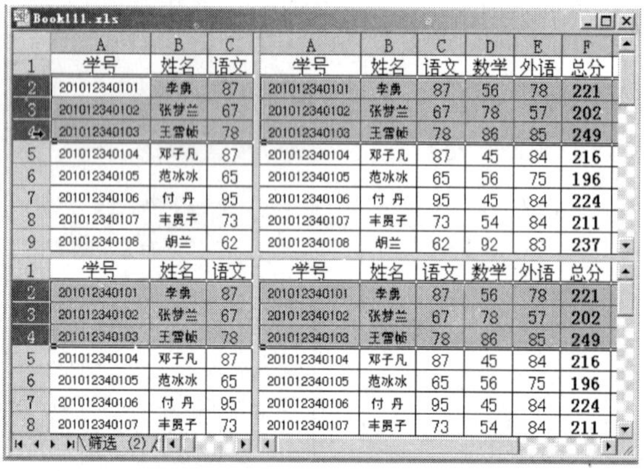

图 4-65　拆分窗口

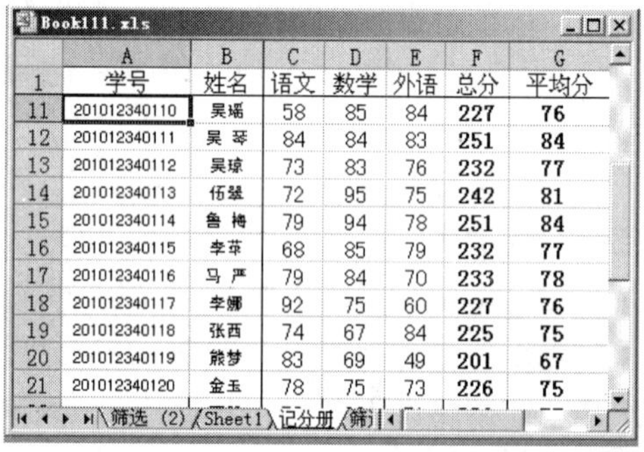

图 4-66　"冻结"窗口界面

此后，用户通过垂直滚动条和水平滚动条调节屏幕的数据显示时，冻结线左侧的列和上面的行都始终冻结在屏幕上，不会随滚动条的滚动而改变。

要撤销已建立的窗口冻结，选择【窗口】→【取消冻结窗格】命令即可。

4.2.4　单元格及单元格区域操作

Excel 2003 中的每张工作表最多包含 65536 行、256 列，行与列的交叉点称为单元格。而单元格的地址由列标和行号组成，如 C2 单元格。对于工作表的行、列、单元格及单元格区域可以进行以下操作。

1．选择行、列、单元格及单元格区域

在 Excel 中选择操作是进行数据输入和处理的前提，而操作对象可以是一行或若干行、

一列或若干列以及一个单元格或单元格区域。

（1）选择一行或一列

选择一行或一列时，用鼠标指向该行的行标或该列的列标，此时鼠标指针变为实心黑色向右箭头"➡"或向下的箭头"⬇"，按下鼠标即可选定一行或一列。另外，也可以拖动单元格的行标或列标用以选定若干行或若干列。

（2）选择单元格区域

任意两个或两个以上的单元格组成一个单元格区域。通过对单元格区域进行输入、编辑和数据格式化，可以方便用户快速处理数据。在 Excel 中使用单元格地址表示一个连续的区域，起于单元格区域的左上角单元格，止于右下角单元格，两个单元格之间用冒号隔开，如 A2:E5。非相邻的单元格区域之间用逗号隔开，也可以将独立的单元格与一个连续的单元格区域联系起来共同组成一个新的区域，如"A1: C3，B12，C15，B3: F4"。

选择单元格区域的步骤如下：

☑ 单击该区域的任意单元格，按下鼠标左键不放，拖动鼠标到该区域的右下角单元格释放，即可选定一个连续区域的单元格。

☑ 选定某些不连续的单元格或单元格区域时，先选定该区域中某一个单元格或单元格区域，按下鼠标左键不放，同时按下 Ctrl 键，然后选择下一个单元格或单元格区域，以此类推，直到所有目标区域选择完毕，即可完成不连续区域的选择。

☑ 若要选择整个工作表，只需要单击工作表左上角的【全选】按钮即可（该【全选】按钮位于工作表左上角行号和列标交叉点）。

2．插入与删除行、列与单元格

在建立好的工作表中，用户也可以根据需要插入或删除行、列及单元格。

（1）插入

用户可以根据需要插入空单元格、行或列，并对其进行数据填充。

要插入单元格，具体操作步骤如下。

①在需要插入单元格处选定相应的单元格或单元格区域，选定的单元格数量应与待插入的空单元格数量相等。

②选择【插入】→【单元格】命令，弹出如图 4-67 所示的【插入】对话框。

③在【插入】对话框中选择相应的插入方式。

④单击【确定】按钮。

图 4-67　【插入】对话框

要插入行，具体操作步骤如下。

①如果需要插入一行，则单击需要插入的新行之下相邻行中的任意单元格；如果要插入多行，则选定需要插入的新行之下相邻的若干行，选定的行数应与待插入空行的数量相等。

②选择【插入】→【行】命令。

要插入列，具体操作步骤如下。

①如果插入一列，则单击需要插入的新列右侧相邻列中的任意单元格；如果要插入多列，则选定需要插入的新列右侧相邻的若干列，选定的列数应与待插入的新列数量相等。

②选择【插入】→【列】命令。

（2）删除单元格、行或列

删除单元格、行或列是指将选定的单元格从工作表中移走，并自动调整周围的单元格填补删除后的空格。

具体操作步骤如下：

①选定需要删除的单元格、行或列。

②选择【编辑】→【删除】命令，弹出如图 4-68 所示的【删除】对话框。

③在此选择相应的删除方式，如选中【整行】单选按钮，可删除一行。

④单击【确定】按钮。

3．隐藏与取消隐藏

在 Excel 中允许把一些行、列或工作表中的数据隐藏起来，以使得工作表更为简洁。

（1）隐藏行或列

在要隐藏的行或列中选择一个单元格，选择【格式】→【行】（或【列】）→【隐藏】命令。

（2）取消隐藏的行或列

选择跨越隐藏的行或列，选择【格式】→【行】（或【列】）→【取消隐藏】命令。

（3）隐藏工作表

选择要隐藏的工作表，选择【格式】→【工作表】→【隐藏】命令即可。

（4）取消隐藏的工作表

选择【格式】→【工作表】→【取消隐藏】命令。

4．合并与拆分单元格

合并单元格在 Excel 中经常会用到，用于突出数据。单元格的合并可以是一行、一列或一个连续的单元格区域。合并单元格的过程如下：先选择需要合并的单元格区域，再选择【格式】→【单元格】命令，在弹出的【单元格格式】对话框中选择【对齐】选项卡，选中【合并后居中】复选框即可。

如果是具有数据的多个单元格合并，此时会弹出一个如图 4-69 所示的合并警告对话框，提示用户合并单元格后，只能保留最左上角的数据，而区域里的其他数据会丢失。单击【确定】按钮则继续合并；如果不想丢失，则单击【取消】按钮即可。

图 4-68　【删除】对话框

图 4-69　合并警告对话框

4.2.5　公式与函数

Excel 除了能进行一般的表格处理外，还可在工作表中输入公式和函数，用于对其中的数据进行计算。公式和函数是 Excel 的核心。在单元格中输入正确的公式或函数后，会立即显示出计算结果。如果改变了工作表中与公式有关或作为函数参数的单元格里的数据，Excel 会自动更新计算结果。

1．公式

公式是对工作表中的数据进行分析和计算的等式，主要由操作数（包括单元格引用位置、数值、名称、函数）和运算符构成，可以对工作表中的数据进行加、减、乘、除等运算。在公式中可以引用同一工作表中的其他单元格（通过单元格地址引用单元格的内容）、同一工作簿不同工作表中的单元格，以及其他工作簿的工作表中的单元格。使用公式时的运算结果会随公式中引用的单元格数值发生相应的变化，即公式会自动更新其结果单元格的内容。公式是电子表格的核心，Excel 提供了便利的环境来创建复杂的公式。

（1）运算符

运算符是用来确定对公式中的元素进行何种类型的运算，是公式中不可缺少的组成部分。在 Excel 中包含 4 种类型的运算符，如表 4-3 所示。

表 4-3　运算符

类别	符号	作用	举例
算术运算符	加（+）、减（−）、乘（*）、除（/）、乘幂（^）、百分比（%）	用于连接数字并产生计算结果，计算顺序为先乘除后加减等	例如，输入 "=C7+E10+C13*2-F12/5" 则会对该单元格内的表达进行算术运算
比较运算符	等于（=）、大于（>）、小于（<）、大于等于（>=）、小于等于（<=）、不等于（<>）	用于比较两个数值并产生一个逻辑值 TRUE 或 FALSE	例如，输入 "=3>5"，运算结果为 FALSE
文本运算符	文本运算符（&）	用于将一个或多个文本连接成一个组合文本	例如，输入 "=" Visual "&" Basic ""，运算结果为 Visual Basic 注意：字符使用引号
引用运算符	区域运算符（:）	用于将单元格区域合并运算	例如，输入 "=SUM(C8:E8)" 是对单元格 C8 到 E8 之间（包括 C8 和 E8）的所有单元格求和
	联合运算符（,）	用于将多个引用合并为一个引用	例如，输入 "=SUM（B5,C2:C10）" 是对 B5 及 C2 至 C10 之间（包括 C2 和 C10）的所有单元格求和
	交叉运算符（空格）	产生对同时隶属于两个引用的单元格区域的引用	例如，输入 "=SUM(C7:G7,D13,F11)" 表示对 C7:G7 区域、D13 单元格和 F11 单元格求和

☑　运算规则：先计算括号内的算式；先乘除后加减；同级运算自左向右。

☑　运算符的优先级别：先进行引用运算，然后依次是算术运算、文本运算、比较运算。

（2）输入公式

作为一个电子表格系统，Excel 除了进行一般的表格处理外，还拥有强大的数据计算能力。用户可以在单元格中输入公式或者使用系统提供的函数来完成对工作表的数据计算。公式是存储在系统内部，显示在编辑栏中，而计算结果则显示在包含该公式的单元格中。

公式编辑栏可分为 3 部分：引用区域，主要用于显示当前活动单元格地址或单元格区域名称；选择区，用来控制数据的输入状态；数据输入区，用于编辑单元格中的数据，如图 4-70 所示。

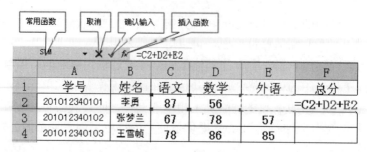

图 4-70　公式编辑栏

当向活动单元格输入数据时，选择区即被激活，显示出隐藏的 ✕ ✓ 𝑓𝑥 3 个控制图标。其中，第一个图标表示取消本单元格数据的输入；第二个用于确定单元格数据输入；最后一个用于打开【插入函数】对话框。

输入公式的操作类似于输入文字型数据，不同的是在输入公式时总是以一个等号 "=" 作为开头，然后才是公式的表达式。在一个公式中可以包含各种算术运算符、常量、变量、函数、单元格地址等。输入公式的步骤如下：

①选择要输入公式的单元格。

②在编辑栏中输入一个等号 "="，或在当前单元格输入一个等号 "="。

③然后输入公式，如 "A1+B4+C2"。

④单击【确认】按钮。

2．函数

函数是预先定义好的公式，用来进行数学、文字、逻辑运算，或者查找工作区的有关信息。函数应输入在单元格的公式中，函数名后面的括号中是函数的参数，括号前后不能有空格。参数可以是数字、文字、逻辑值、数组或者单元格的引用，也可以是常量或者公式，但其个数不能超过 30 个，指定的参数必须能产生有效值。函数中还可包含其他函数，即函数的嵌套使用。

与输入公式的操作类似，可以在编辑栏中直接输入函数。例如，在编辑栏中输入 "=SUM(C2:E2)"。也可以选择【插入】→【函数】命令或者单击【插入函数】按钮 𝑓𝑥，打开如图 4-71 所示的【插入函数】对话框，从中选择所需函数输入到公式中，然后通过函数向导对话框自动建立公式。函数向导中包含了 Excel 提供的所有函数，这些函数按照功能分类，如数学、字符串、日期、时间、查找、逻辑、数据库、金融等。

函数的使用步骤如下：

（1）选择存放结果单元格，单击编辑栏上的【插入函数】按钮，弹出如图 4-71 所示的【插入函数】对话框。

（2）选择需要的函数，如求和函数 SUM，弹出如图 4-72 所示的【函数参数】对话框。

（3）单击 按钮，选择需要的函数参数。

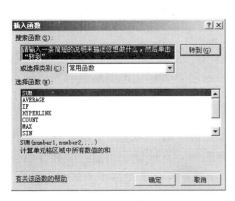

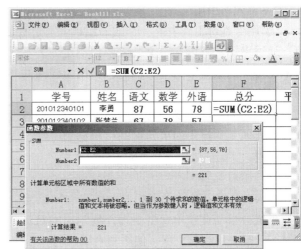

图 4-71　【插入函数】对话框　　　　　图 4-72　【函数参数】对话框

（4）单击【确定】按钮，即可得到函数计算的结果。

另外，在工具栏中也提供了一些常用的函数。例如，【自动求和】按钮 Σ 与 SUM 函数的功能相同。

表 4-4 列出了一些 Excel 常用函数。

表 4-4　Excel 常用函数

名称	含义	使用格式
SUM	求和	SUM(number1,number2,…)
AVERAGE	求平均值	AVERAGE(number1,number2,…)
COUNT	计算数字个数	COUNT(value1,value2,…)
MAX	求最大值	MAX(number1,number2,…)
MIN	求最小值	MIN(number1,number2,…)

3．公式的复制

如果许多单元格需要采用相同的计算公式获得计算结果，可以利用 Excel 提供的公式复制功能来实现。单元格中的公式可以像普通数据一样被复制。

1）单元格地址

每个单元格在工作表中都有一个唯一固定的地址。例如，工作表中的 A2 地址表示工作表第 2 行与第 A 列交叉位置上的单元格。这种单元格地址的表示方法属于相对地址；如果指定一个单元格的地址时，在其行号、列标前加上符号"$"，则表示的是绝对地址，如 $A$2。

一个工作簿文件可以包含多张工作表，可以在单元格地址前带上工作表的名称。另外，也可以用工作簿的名称区分不同工作簿文件中的单元格。例如，［Book1］Sheet1!A2 表示的是 Book1 工作簿文件中的 Sheet1 工作表中的 A2 单元格。

2）单元格引用

"引用"是对工作表的一个或一组单元格进行标识,确定 Excel 公式使用这些单元格的值。通过引用,可以在一个公式中使用工作表不同部分的数据,或者在几个公式中使用同一单元格中的数值。另外,也可以引用工作簿的其他工作表中的单元格,或其他工作簿中的单元格数据。

单元格的引用主要分为相对地址引用、绝对地址引用及介于两者之间的混合引用。另外,对其他工作簿中的单元格的引用称为外部引用,对其他应用程序中的数据的引用称为远程引用。

（1）相对引用

Excel 公式中经常采用相对地址来引用单元格或单元格区域。当用户复制或移动公式时,系统会自动调整单元格引用并反映出相对于新位置的单元格地址。当沿行或列复制公式时,一般采用相对引用。使用相对引用时,采用"自动填充"来实现公式的复制。例如,在图 4-73 所示的【记分册】工作表中除第一个同学的"总分"是通过插入函数计算的,其他同学的总分都是通过复制公式求得,并且编辑栏中的公式引用会自动采用"相对引用"的方式,即行数随公式发生改变。

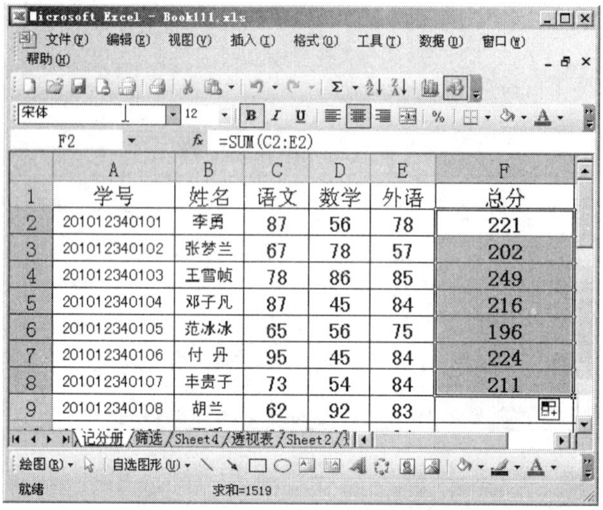

图 4-73 【记分册】工作表—相对引用

相对引用的操作方法如下:

①选择存放结果的单元格,如 F2 单元格。

②打开【插入函数】对话框,选择 SUM 求和函数,并选择数据区域为 C2:E2 并确定。

③选择已经计算好"总分"的 F2 单元格,拖动其右下角的填充柄向下填充即可。各行会自动采用"相对引用"复制公式,而单元格地址会自动更新,即由"=SUM(C2:E2)"变为"=SUM(C3:E3)"、"=SUM(C4:E4)"、"=SUM(C5:E5)"等,依次复制公式。

（2）绝对引用

如果在单元格引用过程中复制公式后,不希望单元格或单元格区域引用的数据发生变化，则可以采用“绝对引用”来实现。绝对引用就是在复制公式时，在单元格地址的行号前和列标前加“$”符号，如$H$2。

例如，已知某班级的记分册记录了 3 门课成绩，要求该班同学的平均分，则每位同学的平均分的计算公式为“总分/3=平均分”。可在存放结果的单元格中输入“=F2/$H$2”后，通过填充柄复制公式，则其他同学的平均分依次为“=F3/$H$2”、“=F4/$H$2”等，如图 4-74 所示。此时，3 门课是一个固定不变的数据，实现了公式复制后单元格地址不改变。

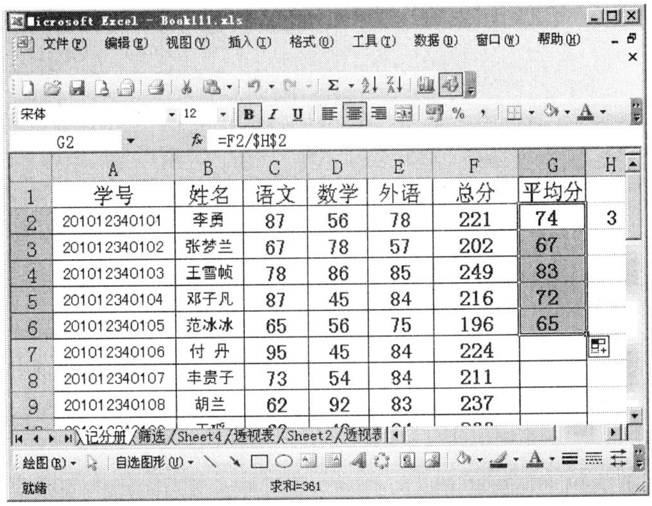

图 4-74　【记分册】工作表—绝对引用

（3）混合引用

在公式的使用过程中，用户也可以混合地使用绝对引用和相对引用。例如，$F2 表示当复制公式时，如果进行“列”的引用，列并不会发生变化，相当于$F$2 的操作，即绝对引用；而进行“行”的引用，行会发生变化，相当于 F2 的操作，即相对引用。

4.2.6　创建图表

在 Excel 中，可以将工作表中的数据以各种统计图表的形式显示，从而更直观地揭示数据间的关系，使用户能一目了然地进行数据分析。

1．创建图表

（1）选择要包含在统计图表中的单元格或单元格区域，如图 4-75 所示。

（2）单击【常用】工具栏上的【图表向导】按钮，打开如图 4-76 所示的【图表向导】对话框。

（3）选择需要的图表类型，然后依次单击【下一步】按钮，最终得到如图 4-77 所示的图表结果。

	A	B	C	D
1	xxx公司产品销售分析表			
2	季度	销售计划（万元）	销售实绩（万元）	达成率
3	第一季度	3,736	4,308	115%
4	第二季度	7,805	8,187	105%
5	第三季度	5,101	4,980	98%
6	第四季度	6,275	7,034	112%

图 4-75　某公司产品销售分析表

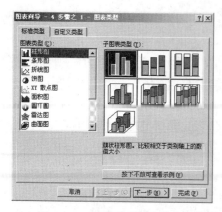

图 4-76 【图表向导】对话框

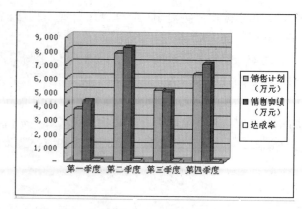

图 4-77 图表结果

2. 编辑图表

Excel 允许在建立图表之后对整个图表进行编辑，包括图表数据、图表大小、图表类型和图表位置等。

（1）更改图表类型

对于创建好的图表，还可以根据需要重新更改图表类型。只要数据合理，即可将图表转变为 14 种类型中的任何一种。具体操作如下：

单击【图表】工具栏中的 ![按钮] 按钮，在图表区右击，在弹出的快捷菜单中选择【图表类型】命令，即可重新设置图表类型。

（2）更改图表选项

☑ 标题

Excel 既可编辑图表标题的内容，也可修改其字体、对齐方式和背景图案。

如果是嵌入工作表中的图表，则单击图表激活它，然后选择【图表】→【图表选项】命令，打开【图表选项】对话框，如图 4-78 所示。选择【标题】选项卡，从中可以设置图表标题和 X、Y 轴的标题。

☑ 图例

图例用于说明图表中的颜色和图案代表哪个分类的值。在【图例】选项卡中可以更改现有图例的字体、颜色和位置。

☑ 网格线

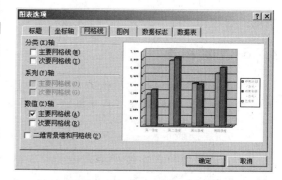

图 4-78 【图表选项】对话框

创建图表时，可添加网格线，这有助于把图形和数值联系起来。当对两组数据进行精确比较时，网格线非常有用。水平网格线自 X 轴起向外延伸；垂直网格线自 Y 轴起向外延伸。

对于嵌入工作表中的图表，单击该图表使其激活，然后选择【图表】→【图表选项】命令，在弹出的【图表选项】对话框中选择【网格线】选项卡。添加 X 轴和 Y 轴网格线时，选中两个【主要网格线】复选框；若想添加更密集的网格线，则再选中【次要网格线】复选框。单击【确定】按钮，即可添加网格线。

若要删除网格线，取消选中相应复选框，然后单击【确定】按钮即可。

☑　数据标志

在【数据标志】选项卡中，可以改变图表中的数值格式。

（3）更改图表数据

Excel 的图表与工作表的数据互有联系，对任一方进行修改时，另一方将随之改变。图表完成后，仍然可以向其中加入或删除数据项等。

首先选中图表，再选定要加入图表中的数据系列（既要包含数据又要包含数据系列的名称），然后把鼠标指针移到选定的数据系列边框上，待真变为单箭头形状时按下鼠标左键并拖动，把选定区域移动到嵌入式图表中后释放。如果要向图表中添加不相邻的选定区域，可选择【插入】→【增加数据】命令。

改变某单元格（或区域）数据，图表会自动更新。在激活的图表中选定某个数据标记，通过顶端的尺寸柄改变其高度，这时对应单元格中的数据也会随之更新。

删除某单元格（或区域）中的数据，Excel 会自动从图表中删除数据点的标记。但是直接在图表中通过选定要删除的图表项，再按 Delete 键来删除某个数据点（或系列），这时工作表中的绘图数据不受影响。

4.2.7　数据管理

在实际工作中常常面临着大量的数据且需要及时、准确地进行处理，这时可借助于数据清单技术来处理。在 Excel 中，数据清单也称为表格，具指工作表中包含相关数据的序列数据行。它可以像数据库一样使用，其中行表示记录，列表示字段。数据清单的第一行应含有列标志。在数据清单中，可以方便地添加、删除、查找数据，以及对数据进行排序、筛选、汇总等操作。此外，Excel 还可以很容易地获取其他数据库系统中的数据源并对其进行处理。

在 Excel 中，获取数据的方式有多种，除了前面所讲的直接输入方式外，还可以通过导入方式获取外部数据。Excel 能够访问的外部数据库有 Access、Foxbase、FoxPro、Oracle、Paradox、SQL Server、文本数据库等。无论是导入的外部数据库，还是在 Excel 中建立的数据库，都是按行和列组织起来的信息的集合，每行称为一个记录，每列称为一个字段。可以利用 Excel 提供的数据库工具对这些数据库的记录进行查询、排序、汇总等工作。

一个数据库只能存储在一个工作表中，而在一个工作表中可以包含多个数据库。建立数据库结构后，即可向数据库中输入数据。

1．排序

为了便于对数据库中大量的数据进行管理与查阅，需要对数据库中的记录进行排序，即用某个字段名作为分类关键字重新组织记录排列顺序。Excel 允许对整个工作表或对表中指定单元格区域的记录按行或列进行升序、降序或多关键字排序。

按列排序是指以某个字段名或某些字段名为关键字重新组织记录的排列顺序，这是系统默认的排序方式。按行排序是指按某行字符的 ASCII 码值的顺序进行排列，即改变字段的先后顺序。

Excel 允许最多指定 3 个关键字作为组合关键字，分别是主要关键字、次要关键字和第三关键字。当主要关键字相同时，次要关键字才起作用；当主要关键字和次要关键字都相同时，第三关键字才起作用。如果数据库中某些记录在排序所依据的列中有相同的内容，可以按照主要关键字、次要关键字和第三关键字的顺序进一步指定排序条件，继续对数据库排序。

排序的方法如下：

（1）选择参加排序的数据区域，选择【数据】→【排序】命令，弹出如图 4-79 所示的【排序】对话框。

（2）在该对话框中进行排序设置。首先选择各级关键字，可以通过【主要关键字】、【次要关键字】和【第三关键字】下拉列表框来改变作为关键字的字段名；然后确定排序方式，即根据需要选中【递增】或【递减】单选按钮。

（3）单击【确定】按钮，即可进行排序。

2．数据筛选

筛选是指将不符合某些条件的记录暂时隐藏起来，在数据库中只显示符合条件的记录或数据行，供用户使用和查询。

Excel 提供了自动筛选和高级筛选两种查询方式。其中，自动筛选是按简单条件进行查询；高级筛选是按多种条件组合进行查询。

（1）自动筛选

自动筛选一般又分为单一条件筛选和自定义筛选。

单一条件筛选是指筛选的条件只有一个。筛选过程为：在拟筛选的数据清单中选定单元格或单元格区域，然后选择【数据】→【筛选】→【自动筛选】命令，此时每个列标题右侧都会出现一个下拉按钮，单击该按钮，弹出筛选条件下拉列表框，从中，根据需要进行选择，如图 4-80 所示。

图 4-79　【排序】对话框

图 4-80　自动筛选工作表

自定义筛选是指筛选的条件有两个或在某个条件范围内。在自动筛选时，可以使用该功能来合并多个筛选条件。

选择【数据自定义】→【筛选】→【自动筛选】命令，打开如图 4-81 所示的【自定义自动筛选方式】对话框。

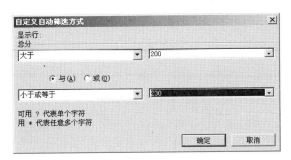

图 4-81　【自定义自动筛选方式】对话框

其中，"与"（AND）表示对某一列合并两个筛选条件，"或"（OR）表示与其中任何一个条件匹配的记录。使用自动筛选功能，一次只能对工作表中的一个数据清单使用筛选命令，对同一列数据最多可以应用两个条件。

（2）高级筛选

按多种条件的组合进行查询的方式称为高级筛选。与自动筛选相比，高级筛选的条件较为复杂。高级筛选分为 3 步：一是指定筛选条件区域；二是指定筛选的数据区；三是指定存放筛选结果的数据区。

在建立条件时，条件可以是具体数据，也可以是一个范围，当列条件处在同一行时，表示为"与"操作，即两个条件必须同时满足；当列条件处在不同行时，则表示"或"操作，即两个条件满足一个就可以了。

高级筛选的步骤如下：

①在工作表的任意空白位置，输入要作为条件的列标字段名。

②另起一行，输入筛选条件，完成条件区域的建立。

③选择【数据】→【筛选】→【高级筛选】命令，打开【高级筛选】对话框，如图 4-82 所示。

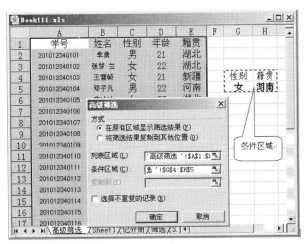

图 4-82　【高级筛选】对话框

④单击【列表区域】右侧的 按钮，激活用户数据区域，选择筛选的数据源。

⑤单击【条件区域】右侧的 按钮，激活用户数据区域，选择筛选的条件。

⑥单击【确定】按钮，即可完成高级筛选。

3. 数据汇总

在数据库中，可以对记录按某一字段分类，把该字段值相同的连续记录作为一类，然后对每一类进行统计，包括分类汇总、求和、求平均值及总计等。

分类汇总用于指定按哪一字段分类，以及如何统计。选择【数据】→【分类汇总】命令，打开【分类汇总】对话框，如图4-83所示。在该对话框中进行相应设置后，可将记录分组显示，伴随显示的每组记录，还可显示这些记录的小计、平均值、总计及其他汇总信息，如图4-84所示。

图4-83　【分类汇总】对话框

图4-84　汇总结果

每当需要改变分组方式或计算方法时，即可执行一次【分类汇总】命令。完成分类汇总后，在【分类汇总】对话框中单击【全部删除】按钮，可从数据库中删除全部分类汇总。

4. 数据透视表

数据透视表是一种对大量数据快速汇总和建立交叉列表的交互式表格，用于对多种来源的数据进行汇总和分析。它可以转换行和列查看数据源数据的不同汇总结果，也可以显示不同页面以筛选数据。

创建数据透视表，可以通过数据透视表和数据透视向导来完成。例如，统计某班计算机等级过级情况，操作步骤如下。

（1）打开要创建透视表的工作簿，选择【数据】→【数据透视表和数据透视图向导】命令，打开【数据透视表和数据透视图向导—3步骤之1】对话框，如图4-85所示。在【请指定待分析数据的数据源类型】选项组中，选中【Microsoft Office Excel数据列表或数据库】单选按钮，在【所需创建的报表类型】选项组中选中【数据透视表】单选按钮。

（2）单击【下一步】按钮，弹出【数据透视表和数据透视图向导—3步骤之2】对话框，在【请键入或选定要建立数据透视表的数据源区域】选项组中设置【选定区域】为"$A$1: $E$31"，如图4-86所示。

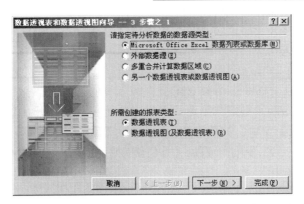

图 4-85　【数据透视表和数据透视图向导—3 步骤之 1】对话框

图 4-86　【数据透视表和数据透视图向导—3 步骤之 2】对话框

（3）单击【下一步】按钮，弹出【数据透视表和数据透视图向导—3 步骤之 3】对话框，在【数据透视表显示位置】选项组中选中【新建工作表】单选按钮，如图 4-87 所示。

图 4-87　【数据透视表和数据透视图向导—3 步骤之 3】对话框

（4）单击【布局】按钮，打开【数据透视表和数据透视图向导—布局】对话框，如图 4-88 所示。

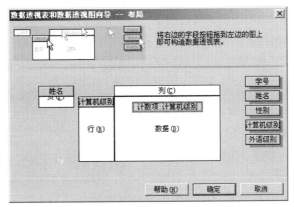

图 4-88　【数据透视表和数据透视图向导—布局】对话框

（5）设置数据透视表布局。将【姓名】字段拖入【页】区域，将【计算机级别】字段拖入【行】区域，将【计算机级别】字段拖入【数据】区域。

（6）单击【确定】按钮，完成数据透视表的布局设置，返回如图 4-87 所示的对话框，单击【完成】按钮。新建的数据透视表如图 4-89 所示。

另外，当用户使用向导创建数据透视表后，系统会自动打开【数据透视表】工具栏和【数据透视表字段列表】窗口，如图 4-89 所示。从【数据透视表字段列表】窗口中，可以继续添加其他的数据字段。例如，添加【外语级别】字段后，结果如图 4-90 所示。

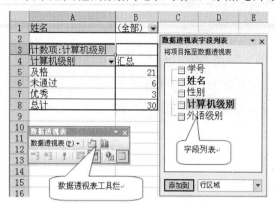

图 4-89　新建的数据透视表

姓名	（全部）			
计数项:计算机级别	外语级别			
计算机级别	六级	四级	未通过	总计
及格	2	14	5	21
未通过	2	2	2	6
优秀		3		3
总计	4	19	7	30

图 4-90　添加【外语级别】字段后的数据透视表

例如，从该透视表中可以分析出该班 30 个人中，计算机优秀为 3 人、及格人数为 21、未通过为 6 人；外语过四级有 19 人、六级 4 人、未通过有 7 人；另外，计算机为优秀的 3 人都只过了四级；计算机及格的 21 人中有 2 人过了外语六级，14 人过了四级，其余 5 人外语未过级；计算机未通过的 6 人中，2 人过了六级，2 人过了四级，2 人外语未通过。

通过这样的透视表，用户可以快速、准确地汇总出交互式的表格信息，从而完成工作表中大量复杂数据的汇总与分析。

4.2.8　打印工作表

工作表、图表等编辑完成后，可以打印出来。但在实际打印之前，需要对工作表进行打印设置。具体设置方法如下：选择【文件】→【页面设置】命令，在打开的【页面设置】对话框中进行相应设置，如图 4-91 所示。

1. 页面

选择【页面】选项卡，在【方向】选项组中选中【纵向】或【横向】单选按钮，以将打印纸横向或者纵向放置。在【缩放比例】数值框中输入工作表需要缩小或放大的百分比值，可以按照页面的大小缩小或者放大后打印出工作表。选中【调整为】单选按钮，

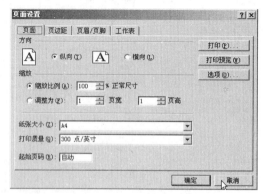

图 4-91　【页面设置】对话框

可分别设置页高、页宽的比例。在【纸张大小】下拉列表框中，可以选择所需纸张的大小，如 A4、B5、16 开等。【打印质量】下拉列表框中的选项，根据所选用默认打印机的型号会有所不同，显示不同的质量数值。设置【起始页码】，表示打印从此页码开始到结束。例如【起始页码】为 2，则表示从工作表的第 2 页开始打印。

2．人工分页

对于超过一页信息的文件，Excel 会自动地在其中插入分页符，将工作表分成多页。这些分页符的位置取决于纸张的大小、设定的打印比例和页边距设置。当需要将文件强制分页时，可使用人工分页来改变页面数据行。

（1）插入分页符

人工分页符分为垂直分页符和水平分页符。要想在工作表中插入人工分页符，单击新建页左上角的单元格，选择【插入】→【分页符】命令。

在插入分页符时应注意的是，在选定开始新页的单元格时，如要插入的是一个垂直人工分页符，应确认选定的单元格属于 A 列；如果要插入的是一个水平人工分页符，则应确认选定的单元格属于第 1 行；否则，将同时插入一个垂直的人工分页符和一个水平的人工分页符，如图 4-92 所示。

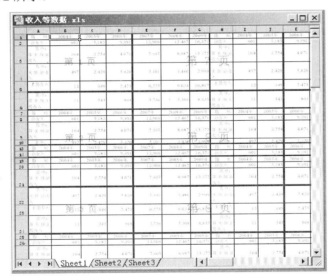

图 4-92　人工分页符

（2）移动分页符

选择【视图】→【分页预览】命令，可以移动分页符到新的位置，但是如果移动了 Excel 自动设置的分页符，将使其变成人工设置的分页符。

（3）删除分页符

当要删除一个人工分页符时，可选定人工分页符下面的第一行单元格或右边的第一列单元格，然后选择【插入】→【删除分页符】命令（此时【分页符】命令已变为【删除分页符】命令），即可删除一个人工分页符。

要删除工作表中所有人工设置的分页符，在分页预览时，用鼠标右键单击工作表任意位置的单元格，在弹出的快捷菜单中选择【重置所有分页符】命令；也可以在分页预览中将分页符拖出打印区域以外来删除分页符。

3．打印预览

进行打印之前，可使用打印预览功能来快速查看打印效果，并可在打印预览状态下调整页边距、页面设置等，以达到理想的打印效果。

选择【文件】→【打印预览】命令，或单击【常用】工具栏上的【打印预览】按钮 ，弹出打印预览窗口，如图 4-93 所示。在打印预览状态下，鼠标指针将变成放大镜的形状。此时将鼠标指针移到要进行查看的区域，然后单击鼠标左键，可把工作表放大，鼠标指针也将变为箭头形状。再次单击，工作表恢复原状。

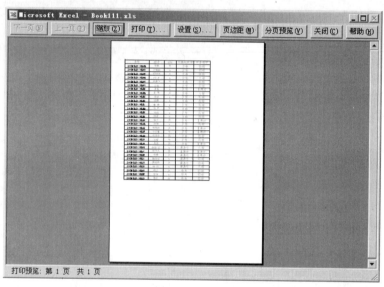

图 4-93　打印预览窗口

在打印预览窗口中，利用【下一页】、【上一页】、【缩放】、【分页预览】等按钮可进行内容的浏览；单击【设置】按钮，可对工作表打印外观进行设置；单击【页边距】按钮，可直接使用鼠标在屏幕上对页边距等选项进行修改。预览满意后，即可单击【打印】按钮打印工作表。

4．打印

一般情况下，选择【文件】→【打印】命令，如果打印机的状态正常，一份整洁的工作表就可以被打印出来。不过，有时对于打印出来的工作表有一些特殊要求，如几张工作表同时打印，或由于条件所限需将工作表输出到文件中，以备需要时打印等。

（1）打印多份副本

选择【文件】→【打印】命令，打开【打印】对话框，如图 4-94 所示。在【打印份数】数值框中输入需要打印的份数。选中【逐份打印】复选框，则进行逐份打印，即打印完一份副本再打印下一份副本；若取消选中该复选框，则按页打印工作表或工作簿，即打印完前一页的全部副本，再打印下一页副本。

图 4-94　【打印】对话框

（2）打印多张工作表

在【打印内容】选项组中提供了 3 个单选按钮，用以确定是打印选定区域、打印整个工作簿还是打印选定工作表。当选中【选定工作表】单选按钮时，将打印当前显示的工作表；选中【整个工作簿】单选按钮时，则可以打印出工作簿中所有的工作表。

（3）打印多个工作簿

同时打印的几个工作簿，必须放在同一个文件夹内。选择【文件】→【打开】命令，在弹出的对话框中，按住 Ctrl 键的同时选择需要打印的每一个文件，然后单击【工具】按钮，在弹出的下拉菜单中选择【打印】命令，即可将所选择的所有工作簿一起打印出来。

4.3　PowerPoint 2003

作为 Microsoft Office 2003 系列软件包中的一个重要组件，PowerPoint 2003 主要是用来制作演示文稿。它是一种用来表达观点、演示成果、传达信息的强有力的工具。当需要向人们展示一份计划、作一份汇报或者进行电子教学等工作时，用 PowerPoint 2003 制作一些带有文字、图形以及动画的幻灯片来阐述论点或讲解内容，可以达到更好的效果。

4.3.1　PowerPoint 2003 基本操作

1. PowerPoint 窗口

启动 PowerPoint 2003，打开其工作界面（也称工作窗口），如图 4-95 所示。该窗口除了包括常规的标题栏、菜单栏、工具栏和状态栏之外，其工作区和任务窗格独具特色。

（1）工作区

在 PowerPoint 2003 的工作区中同时显示了 3 个编辑区，即幻灯片列表区、幻灯片编辑区和备注编辑区，可以根据需要改变编辑区大小来适应编辑需求。

（2）任务窗格

与以往版本相比，PowerPoint 2003 新增了任务窗格。在默认情况下，它位于整个工作窗口的右侧，可通过用鼠标按住标题栏不放拖动来改变其位置，也可以通过单击右上角的【关闭】按钮将其关闭。单击任务窗格右上角的下拉按钮还可以弹出任务选择下拉菜单，可以从中选择其他常用任务，如图 4-96 所示。

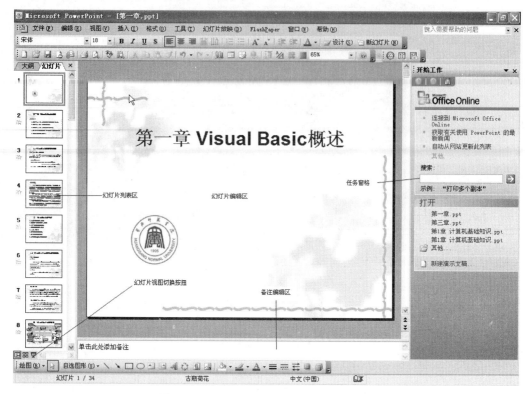

图 4-95　PowerPoint 2003 工作窗口的组成

2．PowerPoint 2003 的视图模式

为了满足建立、编辑、浏览幻灯片的需要，PowerPoint 2003 提供了几种不同的视图，各视图之间的切换可以单击窗口底部水平滚动条左端的 3 个按钮　来实现。

（1）普通视图

当打开演示文稿时，系统默认的视图是普通视图，幻灯片大多是在此视图下建立和编辑的。在普通视图下又可分为大纲模式和幻灯片模式。

①幻灯片模式

选择幻灯片列表区上方的【幻灯片】选项卡，进入幻灯片模式，如图 4-95 所示。在左侧幻灯片列表区中显示了大量幻灯片的缩略图，选中需要编辑的幻灯片的缩略图，就可以在幻灯片编辑区中对此幻灯片进行编辑、修改。

②大纲模式

图 4-96　任务窗格中的其他任务

选择幻灯片列表区上方的【大纲】选项卡，进入大纲模式，如图 4-97 所示。在此模式下，左侧幻灯片列表区中显示了幻灯片中的所有标题和正文，可直接在其中修改幻灯片的内容。此外，也可以选择【视图】→【大纲】命令，利用弹出的【大纲】工具栏调整幻灯

片标题、正文的布局和内容，展开或折叠幻灯片的内容，移动幻灯片的位置等。

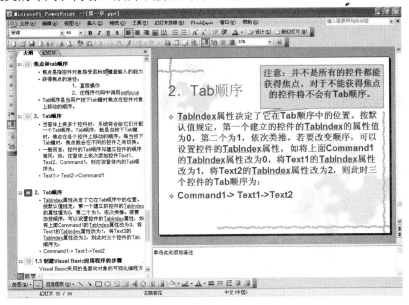

图 4-97 大纲视图

在普通视图下，还可以在备注页（其中包括演讲者对每一张幻灯片的注释）输入演讲稿提示。该提示仅供演讲者使用，不能在幻灯片上显示。

（2）幻灯片浏览视图

在此视图下，所有的幻灯片都将缩小显示，整齐地排列在窗口中，用户可以一目了然地看到多张幻灯片的整体效果，并对幻灯片方便地进行移动、复制和删除等操作，如图 4-98所示。

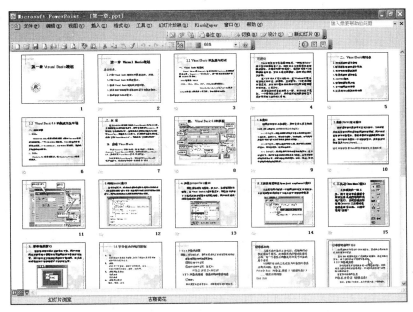

图 4-98 幻灯片浏览视图

在幻灯片浏览视图下不能对幻灯片内容进行修改和编辑，当双击某张幻灯片后会自动切换到普通视图。

（3）幻灯片放映视图

幻灯片按顺序全屏幕显示。按 Enter 键或单击可显示下一张幻灯片，按 Esc 键可退出全屏幕。单击鼠标右键或幻灯片左下角的按钮，还可以打开快捷菜单进行相应操作。

3. 创建演示文稿

在 PowerPoint 的任务窗格中提供了一系列创建演示文稿的方法，下面分别介绍。

（1）空白演示文稿

采用这种方法，适合建立具有自己风格和特色的幻灯片。在【新建演示文稿】任务窗格中单击【空演示文稿】超链接，PowerPoint 会打开一个没有任何设计方案和示例文本的空白幻灯片，任务窗格的标题也会变成【幻灯片版式】，如图 4-99 所示。在其中选择所需应用的幻灯片版式后，可以按照占位符中的提示来输入标题、文字等，也可以将多余的占位符删除，还可以选择【插入】→【对象】命令来插入所需图片、表格等各种对象。

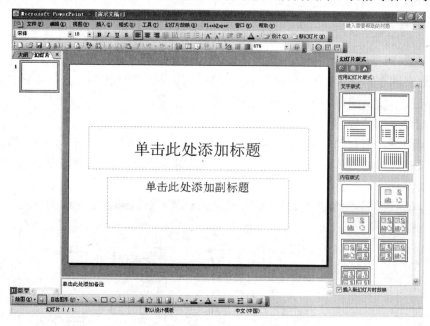

图 4-99　建立空白演示文稿

（2）根据设计模板

可以利用 PowerPoint 提供的现有模板快速生成演示文稿。设计模板是由一组预先设计好的带有背景图案、文字格式和提示文字的若干张幻灯片所组成，用户只需根据提示输入实际的内容，即可建立演示文稿。

（3）根据内容提示向导

此方法适用于展示有一定层次的内容，可使设计者将更多的精力放在具体细节的描述上。在向导提示下，用户分 5 步完成演示文稿的建立。其中包括各种不同主题的演示文稿示范，如培训、实验报告等，如图 4-100 所示。

内容提示向导可以帮助建立演示文稿的主要框架，用户只需按照提示把特定的内容写入每一页幻灯片或对它们进行修饰、增加、删除等操作。

（4）根据现有演示文稿

此方法适合在已经创建好的演示文稿的基础上进行修改，创建新的演示文稿。

4．演示文稿的管理

演示文稿的打开、保存和关闭与其他 Office 组件类似，在此不再赘述。在实际应

图 4-100　【内容提示向导】对话框

用中，用户可能需要将制作好的演示文稿在其他计算机上演示，这时可以将演示文稿打包到携带方便的 CD 中，而且在即使没有安装 PowerPoint 的计算机上也能播放。

在 PowerPoint 2003 中，利用系统提供的【打包成 CD】功能可以将一个或多个演示文稿随同支持文件一起复制到 CD 中。其方法是选择【文件】→【打包成 CD】命令，然后按照提示完成即可。当然，完成此操作要求计算机上安装有刻录机。

4.3.2　编辑演示文稿

演示文稿的编辑主要包括对每张幻灯片内容的编辑、对演示文稿中的幻灯片进行插入、复制、移动和删除等，以及对幻灯片的整体外观效果进行美化处理。

1．编辑幻灯片内容

编辑幻灯片内容是指对幻灯片中的各个对象进行添加、删除、复制、移动和修改等操作。在幻灯片默认版式的占位符中可以添加标题、正文、表格以及图片等，添加方法与 Word 类似。但需要注意的是，在 PowerPoint 中添加文本必须要通过文本框。

按照以上方法添加的内容都采用系统模板默认的格式。为了使幻灯片更加美观、可读性更强，可以重新设置这些内容的格式。

（1）文字格式化

利用【格式】工具栏中相应的按钮可以快速改变幻灯片中文字的格式，如字体、字号、颜色、下划线等。选择【格式】→【字体】命令，在打开的【字体】对话框中也可进行文字的格式设置。

（2）段落格式化

演示文稿中的所有文字都在文本框内，所谓段落格式化就是设置文本在文本框中的相对位置。其方法是：先选定文本框或文本框中的某段文字，然后单击【格式】工具栏中相应的对齐方式按钮，或通过【格式】→【对齐方式】命令进行设置。

（3）对象格式化

PowerPoint 还可以对插入的文本框、图片、表格、图表等其他对象进行格式化操作，可通过【绘图】工具栏和【格式】菜单中的相应命令来实现。

2. 编辑幻灯片

（1）插入幻灯片

选择【插入】→【新幻灯片】命令，或单击工具栏上的 新幻灯片(N) 按钮，都会在当前幻灯片之后添加一张新幻灯片，同时还将打开【幻灯片版式】任务窗格，从中可以为新幻灯片选择相应的版式。

（2）删除幻灯片

选择【编辑】→【删除幻灯片】命令可删除当前幻灯片；也可以选中需要删除的一张或多张幻灯片，直接按 Backspace 或 Delete 键。

（3）复制幻灯片

选择要复制的幻灯片，选择【编辑】→【复制】命令，然后选择【编辑】→【粘贴】命令，或者按住 Ctrl 键不放，将需要复制的幻灯片拖动到相应位置，即可完成幻灯片的复制。

（4）移动幻灯片

选择要移动的幻灯片，选择【编辑】→【剪切】命令，然后选择【编辑】→【粘贴】命令，或者直接用鼠标将要移动的幻灯片拖动到相应位置，即可完成幻灯片的移动。

3. 幻灯片的外观设置

PowerPoint 的一大特点就是可以轻松地使所有演示文稿具有风格一致的外观。控制幻灯片外观的方法有以下几种：

（1）母版

幻灯片母版用于设置幻灯片的样式，可供用户设定各种标题文字、背景、属性等，只需更改母版中的设置即可更改所有幻灯片的设计。在 PowerPoint 中有 3 种母版：幻灯片母版、讲义母版和备注母版。其中最常用的是幻灯片母版。幻灯片母版包含标题样式和文本样式。幻灯片母版是存储关于模板信息的设计模板（设计模板是包含演示文稿样式的文件，包括项目符号和字体的类型及大小、占位符大小和位置、背景设计和填充、配色方案以及幻灯片母版和可选的标题母版）的一个元素，这些模板信息包括字形、占位符大小和位置、背景设计和配色方案，如图 4-101 所示。

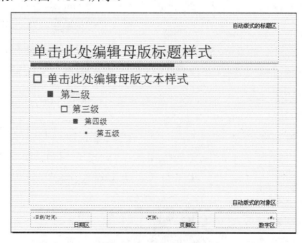

图 4-101　幻灯片母版

幻灯片母版的功能是供用户进行全局更改（如替换字形），并使该更改应用到演示文稿中的所有幻灯片。通常可以使用幻灯片母版进行的操作有：更改字体或项目符号、插入要显示在多个幻灯片上的艺术图片（如徽标）、更改占位符的位置、大小和格式等。

若要查看幻灯片母版，可选择【视图】→【母版】→【幻灯片母版】命令。可以像更改任何幻灯片一样更改幻灯片母版；但要注意母版上的文本只用于样式，实际的文本（如标题和列表）应在普通视图的幻灯片上输入，而页眉和页脚应在【页眉和页脚】对话框中输入。更改幻灯片母版时，已对单张幻灯片进行的更改将被保留。

讲义母版用于控制幻灯片以讲义形式打印的格式；备注母版主要为演讲者提供备注使用的空间以及设置备注幻灯片的格式。其相关操作可以通过【视图】→【母版】菜单中相应的命令进行。

（2）设计模板

利用母版可以制作个性化的演示文稿，但比较费时。PowerPoint 提供了大量的已经设计好的模板，这些模板是包含演示文稿样式的文件，包括项目符号和字体的类型和大小、占位符大小和位置、背景设计和填充、配色方案等，使用它们可以编辑出各种具有美丽图案的不同风格的幻灯片。与以往版本不同的是，PowerPoint 2003 提供了在不同幻灯片上使用不同模板的功能。具体使用方法如下：

①选择【格式】→【幻灯片设计】命令，或者直接在任务窗格的任务选择下拉菜单中选择【幻灯片设计】命令，打开【幻灯片设计】任务窗格，如图 4-102 所示。

②选择要应用设计模板的幻灯片，将鼠标指针指向任务窗格中要应用的模板，此时该模板图标上将出现一个下拉按钮，单击该按钮将弹出一个下拉菜单，如图 4-103 所示。

图 4-102 应用设计模板

图 4-103 应用设计模板菜单

③选择【应用于选定幻灯片】命令，可将所选模板应用到当前选定的所有幻灯片中；如果选择【应用于所有幻灯片】命令，该模板将被应用于所有幻灯片。

◀ 注意：如果直接在模板上单击，默认将该模板应用于所有幻灯片。

（3）重新配色

在设计模板中，幻灯片的各部分如文本、背景、强调文字和超链接等，已进行了协调配色。如果想对幻灯片的各部分进行重新配色，可在【幻灯片设计】任务窗格中单击【配色方案】超链接，在下面的【应用配色方案】列表框中选择所需配色方案，如图 4-104 所示。

另外，也可以选择【编辑配色方案】命令，在弹出的【编辑配色方案】对话框中编辑个性化的配色方案，如图 4-105 所示。

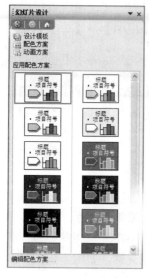

图 4-104　幻灯片配色方案

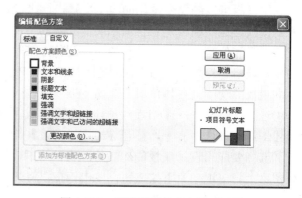

图 4-105　【编辑配色方案】对话框

4.3.3　设置演示文稿的动画效果

PowerPoint 提供了动画技术，用户可以采用这种技术为幻灯片的文本、图片等对象设置动画效果来突出重点、控制信息的流程，使演示文稿更加形象、富有趣味性。

📢 **注意**：该功能只能在幻灯片放映视图下起作用。

在设计动画时，有幻灯片内部和幻灯片之间两种不同的动画设计。

1．幻灯片内部动画设计

所谓幻灯片内部动画设计，是指在演示一张幻灯片时，随着演示的进展，逐步显示幻灯片内不同层次、对象的内容。用户可以采用系统的预设动画，也可以自定义动画。

（1）动画方案

PowerPoint 为用户提供了一些简单的预设动画，只要选择【幻灯片放映】→【动画方案】命令，或者在【幻灯片设计】任务窗格中单击【动画方案】超链接，即可在任务窗格中显示系统提供的动画方案，从中选择合适的方案即可，如图 4-106 所示。

（2）自定义动画

预设动画使用户可以快速设置幻灯片内的动画，但是当幻灯片中插入了图片、表格和艺术字等难以区别层次的对象，或者要突出某对象的动画效果时，就无能为力了。此时可以利用【自定义动画】命令来实现。选择【幻灯片放映】→【自定义动画】命令，或直接在任务窗格顶部的任务选择下拉菜单中选择【自定义动画】命令，打开【自定义动画】任务窗格，如图 4-107 所示。

其中各部分的功能介绍如下。

- ☑　添加效果：选择对象的效果，包括进入、强调、退出和动作路径。
- ☑　删除：删除选定对象的动画效果。
- ☑　开始：设置对象动画出现的时机，包括单击时、之后和之前。
- ☑　方向：设置对象动画出现的方向，包括水平和垂直。
- ☑　速度：设置对象动画出现的速度，包括非常慢、慢速、中速、快速和非常快。
- ☑　播放：播放当前幻灯片。
- ☑　幻灯片放映：放映幻灯片。

2. 设置幻灯片间的切换效果

幻灯片间的切换效果是指移走屏幕上已有的幻灯片，以某种效果显示新幻灯片，并且可以在切换时播放声音。设置方法如下：

（1）选择要设置切换效果的幻灯片。

（2）选择【幻灯片放映】→【幻灯片切换】命令，或直接通过任务选择下拉菜单打开【幻灯片切换】任务窗格，如图 4-108 所示。

图 4-106　幻灯片动画方案　　图 4-107　【自定义动画】任务窗格　图 4-108　【幻灯片切换】任务窗格

（3）在【应用于所选幻灯片】列表框中选择切换效果。

（4）设置【速度】、【声音】、【换片方式】等选项。

（5）单击【播放】按钮可观看播放效果。

注意：如果单击【应用于所有幻灯片】按钮，则所选效果将被应用于所有的幻灯片；否则，所选的效果只对选定的幻灯片起作用。

4.3.4　添加多媒体对象

利用动画技术可以实现对象的形象、生动的演示，但制作起来比较费时。其实，在PowerPoint中还可以为幻灯片添加外部的多媒体对象来使演示效果更加生动、形象。

1. 为幻灯片添加声音文件

在用PowerPoint制作电子相册、画册时，如果不仅要欣赏精美的画面，还希望听到美妙动听的音乐，则可以在第一张幻灯片上进行如下操作。

（1）准备好一个音乐文件，可以是WAV、MID或MP3文件格式。

（2）选择【插入】→【影片和声音】→【文件中的声音】命令，插入用户选择的声音文件，同时弹出对话框，询问是否在放映幻灯片时自动播放该声音文件，单击【是】按钮，则幻灯片上出现一个图标 。

（3）用鼠标右键单击该图标，在弹出的快捷菜单中选择【自定义动画】命令。

（4）在打开的【自定义动画】任务窗格中双击音乐文件，在弹出【播放 声音】对话框中选择【设置】选项卡，如图4-109所示。在【开始播放】选项组中选中【从头开始】单选按钮，在【停止播放】选项组中选中【在 XX 张幻灯片后】单击按钮（具体在第几张幻灯片之后，要视相册或画册中的幻灯片张数而定，例如总张数为15，则在此处输入"15"）。

（5）选择【计时】选项卡，在【重复】列表框中选择【直到幻灯片末尾】选项，单击【确定】按钮。

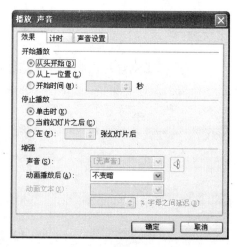

图 4-109　【播放 声音】对话框

2. 为幻灯片添加视频对象

在PowerPoint中也可以插入视频对象来辅助演示，操作方法如下。

（1）打开需要插入视频文件的幻灯片。

（2）选择【插入】→【影片和声音】→【文件中的影片】命令，在弹出的文件选择对话框中选择事先准备好的视频文件，单击【添加】按钮，这样就能将视频文件插入到幻灯片中了。

（3）选中视频文件，并将它移动到合适的位置，然后根据屏幕的提示直接单击【播放】按钮来播放视频，或者选中自动播放方式。

（4）播放过程中，在视频窗口中单击，视频就能暂停播放。如果想继续播放，再次单击即可。

4.3.5 演示文稿中的超链接

PowerPoint 提供了功能强大的超链接功能，使用它可以在幻灯片与幻灯片之间、幻灯片与其他外界文件或程序之间以及幻灯片与网络之间自由地转换。在 PowerPoint 中可以使用以下 3 种方法来创建超链接。

1．利用【动作设置】对话框创建超链接

（1）单击用于创建超链接的对象，使之高亮显示，并将鼠标指针停留在所选对象上（对象指文字、图片等内容）。

（2）单击鼠标右键，在弹出的快捷菜单中选择【动作设置】命令，打开【动作设置】对话框。选择【单击鼠标】选项卡，在【单击鼠标时的动作】选项组中选中【超链接到】单选按钮，在其下的下拉列表框中根据实际情况进行选择，然后单击【确定】按钮，如图 4-110 所示。

2．利用【超链接】按钮创建超链接

利用【常用】工具栏上的【超链接】按钮  来设置超链接是比较常用的一种方法，虽然它只能创

图 4-110 【动作设置】对话框

建鼠标单击的激活方式，但在超链接的创建过程中不仅可以方便地选择所要跳转的目的地文件，还可以清楚地了解到所创建的超链接路径。

（1）同第一种方法，单击用于创建超链接的对象使之高亮显示，并将鼠标指针停留在所选对象上。

（2）单击【常用】工具栏上的 按钮，弹出【插入超链接】对话框，如图 4-111 所示。

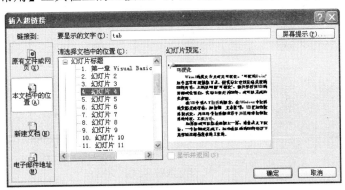

图 4-111 【插入超链接】对话框

如果链接的是此文稿中的其他幻灯片，就在左侧的【链接到】选项组中单击【本文档中的位置】图标，在【请选择文档中的位置】列表框中单击所要链接到的那张幻灯片（此时会在右侧的【幻灯片预览】框中看到所要链接到的幻灯片），然后单击【确定】按钮，即可完成超链接的建立。

如果链接的目的地文件在计算机中的其他位置，或是 Internet 上的某个网页，或是一个电子邮件的地址，可在【链接到】选项组中单击相应的图标进行相关的设置。

3．利用动作按钮来创建超链接

上面两种方法创建的超链接，一般应用于解释文字或链接到图片说明之类的文件上。PowerPoint 还提供了一种单纯为实现各种跳转而设置的动作按钮，同样可以完成超链接的功能。

选择【幻灯片放映】→【动作按钮】命令，在弹出的子菜单中即可看到这些动作按钮。将鼠标指针停留在任意一个动作按钮上，通过出现的"提示"可了解到各个按钮的功能。

（1）在【动作按钮】菜单中选择一种要使用的按钮。

（2）将鼠标指针移动到幻灯片上，待其变成"十"字形时，在幻灯片的适当位置，按住鼠标左键拖出一方形区域，松开鼠标后，相应的动作按钮即出现在所选的位置上，同时还将弹出【动作设置】对话框，其设置方法同方法 1。

4.3.6　演示文稿的放映和打印

1．设置幻灯片放映

在幻灯片放映前，可以根据使用者的不同设置不同的放映方式。其方法是：选择【幻灯片放映】→【设置放映方式】命令，在打开的【设置放映方式】对话框中进行设置，如图 4-112 所示。

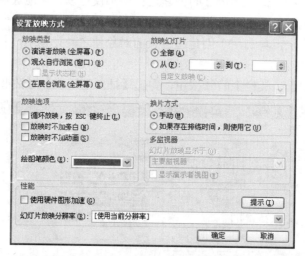

图 4-112　【设置放映方式】对话框

共有 3 种放映方式，分别介绍如下。

☑　演讲者放映（全屏幕）：以全屏幕形式显示，演讲者可以控制放映的进程，可用绘图笔勾画，适合大屏幕投影的会议、讲课。

☑　观众自行浏览（窗口）：以窗口形式显示，可编辑、浏览幻灯片，适合人数较少的场合。

☑ 在展台游览（全屏幕）：以全屏幕形式在展台上进行演示，按事先预定的或通过【幻灯片放映】→【排练计时】命令设置的时间和次序放映，不允许现场控制放映的进程。

在该对话框中，用户也可以根据实际需要设置放映选项、放映幻灯片的范围以及换片方式等。

2．页面设置和打印幻灯片

建立好的演示文稿，除了可以在计算机上进行电子演示之外，还可以将它们打印出来作为资料。PowerPoint 生成演示文稿时，辅助生成的大纲文稿、注释文稿等都可以打印。打印之前需要进行页面设置。

（1）页面设置

在打印之前，必须先设计幻灯片的大小和打印方向，以便获得最好的打印效果。

选择【文件】→【页面设置】命令，弹出如图 4-113 所示的【页面设置】对话框。其中，在【幻灯片大小】下拉列表框中可选择幻灯片尺寸；在【幻灯片编号起始值】数值框中可设置打印文稿的编号起始值；在【方向】选项组中可设置【幻灯片】、【备注、讲义和大纲】等的打印方向。

（2）设置打印选项

完成页面设置后，就可以将演示文稿、讲义等进行打印。打印前，应对打印机、打印范围、打印内容、打印份数等进行设置或修改。

选择【文件】→【打印】菜单命令，弹出【打印】对话框，如图 4-114 所示。

图 4-113　【页面设置】对话框　　　　　图 4-114　【打印】对话框

☑ 【打印范围】栏：选择要打印的范围。

☑ 【打印内容】下拉列表框：选择打印的是幻灯片、讲义还是注释。

☑ 【颜色/灰度】下拉列表框：选择打印的颜色。若幻灯片设置了颜色图案，为了打印得清晰，应选择【黑白】选项。

用户可根据需要设置幻灯片其他选项。设置完成后，单击【确定】按钮即可打印。

习 题 四

1. 填空题

（1）Excel 2003 中正在处理的工作表称为＿＿＿＿＿＿＿＿工作表。

（2）每个单元格的地址用它所在的列标和＿＿＿＿＿＿＿＿来引用。

（3）在 Excel 2003 中，公式都是以＿＿＿＿＿＿开始的，后面由＿＿＿＿＿＿和运算符构成。

（4）在 Excel 2003 中，根据单元格地址被复制到其他单元格后是否会改变，分为相对引用、绝对引用和＿＿＿＿＿＿＿＿引用。

2. 选择题

（1）在 Word 2003 主窗口呈最大化显示时，该窗口的右上角可以同时显示的按钮是＿＿＿＿＿按钮。

    A．最小化、还原、最大化　　　　　B．还原、最大化和关闭

    C．最小化、还原和关闭　　　　　　D．还原和最大化

（2）如果想在 Word 2003 主窗口中显示常用工具按钮，应当使用的菜单是＿＿＿＿＿。

    A.【工具】菜单　　B.【视图】菜单　　C.【格式】菜单　　D.【窗口】菜单

（3）在 Word 2003 中，当前活动窗口是文档 D1.doc 的窗口，单击该窗口的【最小化】按钮＿＿＿＿＿。

    A．不显示 D1.doc 文档内容，但 D1.doc 文档并未关闭

    B．该窗口和 D1.doc 文档都被关闭

    C．D1.doc 文档未关闭，且继续显示其内容

    D．关闭了 D1.doc 文档，但该窗口并未关闭

（4）如想关闭 Word 2003 窗口，可在主窗口中单击【文件】菜单，然后在弹出的下拉菜单中选择＿＿＿＿＿命令。

    A.【关闭】　　　　B.【退出】　　　　C.【发送】　　　　D.【保存】

（5）在 Word 2003 的编辑状态下，选择【编辑】→【复制】命令后＿＿＿＿＿。

    A．所选择的内容被复制到插入点处

    B．所选择的内容被复制到剪贴板

    C．插入点所在的段落被复制到剪贴板

    D．插入点所在的段落内容被复制到剪贴板

（6）在 Word 2003 的编辑状态下，进行替换操作时，应当使用＿＿＿＿＿。

    A.【工具】菜单中的命令　　　　　B.【视图】菜单中的命令

    C.【格式】菜单中的命令　　　　　D.【窗口】菜单中的命令

（7）在 Word 2003 的编辑状态下，按先后顺序依次打开了 d1.doc、d2.doc、d3.doc、d4.doc 4 个文档，当前的活动窗口是＿＿＿＿＿文档的窗口。

    A．d1.doc　　　　B．d2.doc　　　　C．d3.doc　　　　D．d4.doc

（8）在 Word 2003 中，打开主菜单可以通过按控制键_____+各菜单项旁带下划线的字母键来实现。

    A．Ctrl   B．Shift   C．Alt   D．Ctrl+Shift

（9）在 Word 2003 中，菜单命令旁的"…"符号表示_____。

    A．该命令当前不能执行   B．执行该命令会打开一个对话框

    C．不带执行的命令   D．该命令有快捷键

（10）用快捷键退出 Word 2003 的最快方法是_____。

    A．Ctrl+F4   B．Alt+F4   C．Alt+F5   D．Alt+Shift

（11）在 Word 2003 中，复制对象操作的第一步是_____。

    A．定位插入点   B．选定文本对象   C．Ctrl+C   D．Ctrl+V

（12）Excel 2003 环境中，用来储存并处理工作表数据的文件，称为_____。

    A．单元格   B．工作区   C．工作簿   D．工作表

（13）在 Excel 2003 中，当某单元格中的数据被显示为充满整个单元格的一串"#####"时，表示_____。

    A．公式内出现除数为 0 的情况

    B．显示其中的数据所需要的宽度大于该列的宽度

    C．其中的公式内所引用的单元格已被删除

    D．其中的公式内含有 Excel 不能识别的函数

（14）下列关于单元格的删除与清除的区别正确的是_____。

    A．删除单元格后不能撤销，清除后可以撤销

    B．删除单元格后会改变其他单元格的位置，而清除不会

    C．清除是只清除单元格中的内容，而删除将连同单元格本身一起删除

    D．单元格中包含有公式时不能清除，但可以删除

（15）在 Excel 2003 中，当公式中出现被零除的现象时，产生的错误值是_____。

    A．#N/A!   B．#DIV/0!   C．#NUM!   D．#VALUE!

（16）在 Excel 2003 中产生图表的基础数据发生变化后，图表将_____。

    A．被删除   B．发生改变，但与数据无关

    C．不会改变   D．发生相应的改变

（17）演示文稿储存以后，默认的文件扩展名是_____。

    A．.ppt   B．.exe   C．.bat   D．.bmp

（18）幻灯片中占位符的作用是_____。

    A．表示文本长度   B．限制插入对象的数量

    C．表示图形大小   D．为文本、图形预留位置

（19）幻灯片上可以插入_____多媒体信息。

    A．声音、音乐和图片   B．声音和影片

    C．声音和动画   D．剪贴画、图片、声音和影片

（20）PowerPoint 中的【超链接】命令可实现_____。

    A．幻灯片之间的跳转   B．幻灯片的移动

      C．中断幻灯片的放映   D．在演示文稿中插入幻灯片

（21）在哪种视图方式下能实现在一屏显示多张幻灯片？＿＿＿＿＿

      A．幻灯片视图   B．大纲视图

      C．幻灯片浏览视图   D．备注页视图

（22）在＿＿＿＿模式下，不能通过【视图】→【演讲者备注】命令来添加备注。

      A．幻灯片视图   B．大纲视图

      C．幻灯片浏览视图   D．备注页视图

（23）选择不连续的多张幻灯片，可借助＿＿＿＿＿键来实现。

      A．Shift   B．Ctrl   C．Tab   D．Alt

（24）在制作 PowerPoint 演示文稿时可以使用设计模版，方法是单击＿＿＿＿＿菜单项，在弹出的下拉菜单中选择【应用设计模版】命令。

      A．【编辑】   B．【格式】   C．【视图】   D．【工具】

3．判断题

（1）在 Excel 2003 中，每个工作簿中至少有一张工作表。（   ）

（2）在 Excel 2003 中，工作表的名称不能改变。   （   ）

（3）设置有效数据以后，输入数据时可以监督数据是否正确输入。（   ）

（4）在 Excel 2003 中，插入的图表只能与数据源放在同一工作表内。（   ）

（5）创建了图表后，可以更改图表类型。（   ）

第5章　计算机网络基础及应用

本章主要介绍计算机网络的一些基础知识及应用，其中包括计算机网络的定义和发展史、计算机网络的分类和功能、计算机局域网与网络组成，以及 Internet 的基本原理和应用。

5.1　计算机网络基础概述

计算机网络的建立和使用是计算机科学技术和通信技术相结合的产物，是一门涉及到多种学科和技术领域的综合性技术。计算机网络是指将地理位置不同的具有独立功能的多台计算机及其外部设备，通过通信线路连接起来，在网络操作系统、网络管理软件及网络通信协议的管理和协调下，实现资源共享和信息传递的计算机系统。

5.1.1　计算机网络的定义和发展概述

1. 计算机网络的定义

关于计算机网络的最简单定义是：一些相互连接的、以共享资源为目的的、自治的计算机的集合。从网络媒介的角度来看，计算机网络可以看作是由多台计算机通过特定的设备与软件连接起来的一种新的传播媒介。

通俗地讲，计算机网络是指将分布在不同地理位置且具有独立功能的多个计算机通过通信设备及传输媒体互连起来，在功能完善的通信网络软件的支持下实现资源共享、数据通信和协同工作的系统。

建立计算机网络的基本条件是通信技术和计算机技术。一方面，通信网络的发展为计算机间的数据传送和交换提供了必要的手段和技术；另一方面，计算机网络的发展提高了通信网络的各种性能和技术指标。

2. 计算机网络的发展

第一阶段可以追溯到 20 世纪 50 年代。那时人们开始将彼此独立发展的计算机技术与通信技术结合起来，完成了数据通信与计算机通信网络的研究，为计算机网络的出现做好了技术准备，奠定了理论基础。

第二阶段是分组交换的产生。20 世纪 60 年代，美苏冷战期间，美国国防部高级研究计划署（ARPA）提出要研制一种崭新的网络对付来自前苏联的核攻击威胁。因为当时，传统的电路交换的电信网虽已经四通八达，但战争期间，一旦正在通信的电路有一个交换机或链路被炸，则整个通信电路就要中断，如要立即改用其他迂回电路，还必须重新拨号建立连接，这将要延误一些时间。

第三阶段是因特网时代。Internet 的基础结构大体经历了 3 个阶段的演进。

（1）从单个网络 ARPAnet 向互联网发展：1969 年美国国防部创建了第一个单个分组的交换网 ARPAnet，1983 年 TCP/IP 协议成为 ARPAnet 的标准协议。

（2）建立三级结构的因特网：1986 年，美国国家科学基金会（NSF）围绕 6 个大型计算机中心建设了计算机网络 NSFnet。它是个三级网络，分为主干网、地区网和校园网。1991 年，NSF 和美国政府支持地方网络接入，并开始对接入因特网的单位收费。

（3）多级结构因特网的形成：从 1993 年开始，美国政府资助的 NSFnet 逐渐被若干个因特网服务提供者（ISP）所替代。为了使不同 ISP 经营的网络能够互通，在 1994 创建了 4 个电信公司经营的网络接入点 NAP。21 世纪初，美国的 NAP 达到了十几个。

5.1.2　计算机网络的分类和功能概述

可以从不同的角度对计算机网络进行分类，常用的分类方法有 4 种，即按覆盖的地理范围分类、按组网的拓扑结构分类、按数据通信传播方式分类和按网络中数据交换方式分类。

1．按覆盖的地理范围分类

按照联网的计算机之间的距离和网络覆盖地域范围的不同，计算机网络分为如下 8 种。

（1）局域网（Local Area Network，LAN）

将有限范围内的各种计算机、终端与外部设备（如高速打印机）互连形成的通信网络，称为局域网。其特点是适用范围一般为几米到十几公里、数据传输率较高、数据传输服务质量高等。该类型网络通常应用于一个单位、企业或相对独立的信息共享的外部设备等。

（2）广域网（Wide Area Network，WAN）

跨省、跨国等大范围的各种计算机、终端与外部设备互连形成的通信网络，称为广域网。其特点是适用范围一般为几十到几千公里，可使网络互联形成更大规模的互联网。该类型网络可以使不同网络上的用户相互通信和交互信息，实现局域资源共享与广域资源共享相结合。

（3）城域网（Metropolitan Area Network，MAN）

城域网的适用范围介于 LAN 与 WAN 之间，基本上是一种大型的 LAN，通常使用局域网技术。它可以支持数据、语音、视频与图像传输等，并有可能涉及当地的有线电视网。

2．按组网的拓扑结构分类

计算机网络拓扑反映了网络中各实体间的结构关系，并且通过网络中节点与通信线路之间的几何关系表达出网络结构。网络拓扑结构一般分为总线型、星形、环形、树形和网状 5 种，如图 5-1 所示。

（1）总线型结构网络

总线型结构又称广播式计算机网络，是指各客户机和服务器均挂在一条总线上，各客户机和服务器地位平等，无中心节点控制。公用总线将数据信息以基带形式串行传递，其传递方向总是从发送数据信息的节点开始向两端扩散，如同广播电台发射的数据信息一样。

（2）星形结构网络

星形结构的主要特点是由中心节点控制（又称集中式控制），各节点通过点对点通信线路与中心节点连接，中心节点控制全网的通信，任何两个节点间的通信都要通过中心节点。星形结构的优点是建网容易，控制相对简单；缺点是对中心节点依赖性大，可靠性差。

（3）环形结构网络

环形结构可理解为将总线型网络的链路的首尾节点相连形成一个闭合的环。这种结构使数据信息在公共传输电缆组成的环路中沿着一个方向在各个节点间依次传输。环形结构具有如下优点：数据传输方向固定；简化路径选择的控制；环路上各节点都是自举控制，故控制软件简单。其缺点是：由于信息源在环路中是串行地穿过各个节点，当环中节点过多时，势必影响信息传输速率，使网络的响应时间延长；环路是封闭的，不便于扩充；可靠性低，一个节点出现故障，将会造成全网瘫痪；维护难，对分支节点故障定位较难。

（4）树形结构网络

树形结构网络是分级的集中控制式网络。与星形相比，其通信线路总长较短，成本较低，节点易于扩充，寻找路径比较方便，但除了叶节点及其相连的线路外，任一节点或与其相连的线路故障都会使系统受到影响。

（5）网状结构网络

网状结构又称分布式结构。在网状拓扑结构中，网络的每台设备之间均有点到点的链路连接。这种连接不经济，适用于每个站点都要频繁发送数据的情况。其安装也较为复杂，但系统可靠性高，容错能力强。

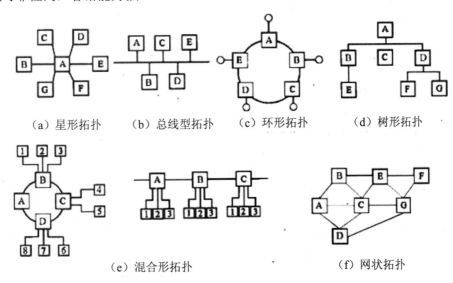

| （a）星形拓扑 | （b）总线型拓扑 | （c）环形拓扑 | （d）树形拓扑 |

（e）混合形拓扑　　　　　　　　　（f）网状拓扑

图 5-1　各种拓扑结构网络

3. 按网络中的数据交换方式分类

（1）电路交换网

此类型网络类似于传统的电话网络，用户在开始通信之前，需要建立一条独立使用的物理信道，并且在通信期间始终独占该信道，只有当通信结束后才释放信道的使用权限。

（2）报文交换网

此类型网络采用存储—转发机制，类似于生活中邮政通信方式，信件由路途中的各个中转站接受—存储—转发，最后到达目的地。

（3）分组交换网

此类型网络采用存储—转发和流水线传输机制。数据发送方将数据分割为多个分组，然后将多个分组依次发出，而各个中转站同时采用存储—转发和流水线传输机制，故各个节点同时进行接收—存储—转发操作。

4. 按数据通信传播方式分类

（1）点到点网络

此类型网络要求在网络中的每条物理线路连接一对计算机。为了能从源节点到达目的节点，这种网络上的分组必须通过一台或多台中间计算机。广域网大多数都是点到点网络。

（2）广播式网络

此类型网络要求在网络中的所有联网计算机都共享一条公共通信信道，当一台计算机发送数据时，其他所有计算机都会收到这个数据。局域网大多数都是广播式网络。

5. 计算机网络功能概述

计算机网络具有四大基本功能，即数据通信传输、软件和硬件资源共享、提高计算机可靠性和可用性以及进行分布式处理。

（1）数据通信传输

数据通信传输是计算机网络最基本的功能之一，用以实现计算机之间传送各种信息。利用这一功能，地理位置分散的计算机可通过网络连接起来，进行集中的控制和管理。

（2）软件和硬件资源共享

计算机资源主要是指计算机硬件资源、软件资源和数据资源。计算机网络中的资源共享包括共享硬件、软件和数据资源。通过资源共享，可使网络中的各计算机资源互通有无、分工协作，从而大大提高系统资源利用率。

（3）提高计算机可靠性和可用性

通过网络，各台计算机可彼此互为后备机，当某台计算机出现故障时，其任务可由其他计算机代理，避免了系统瘫痪，提高了可靠性。同样，当网络中某台计算机负担过重时，可将其任务的一部分转交给较空闲的计算机完成，从而提高了每台计算机的可用性。

（4）进行分布式处理

把待处理的任务按一定的算法分散到网络中的各台计算机上，并利用网络环境进行分布式处理和建立分布式数据库系统，达到均衡使用网络资源、实现分布式处理的目的。

5.2 计算机局域网及网络组成

计算机局域网（LAN）是指在一个局部的地理范围内（如一个学校、政府部门或企事业单位内），将各种计算机、外部设备和数据库等互相连接起来组成的计算机通信网。计算机局域网可以实现文件管理、应用软件共享、打印机共享、电子邮件和传真通信服务等功能。本节主要介绍计算机局域网的概念和功能，以及计算机网络的通信基础、网络软件和网络硬件等知识。

5.2.1　计算机局域网

1．局域网的定义

IEEE 802 委员会将计算机局域网定义为：计算机局域网是允许中等地域内的众多的独立设备通过中等速率的物理信道直接互连的数据通信系统。目前典型的计算机局域网有：以太网，其采用总线型拓扑结构和载波监听多路访问/碰撞检测（CSMA/CD）控制策略；对等局域网，其采用星形拓扑结构和 C/S 工作模式，适用于小规模场合。

2．局域网的功能

局域网最主要的特点是网络为一个单位所共有，且地理范围和站点数目有限。局域网最主要的功能（优点）如下：

（1）资源共享。能从一个站点访问全网，以便共享硬件以及软件、数据资源。

（2）便于系统的扩展和逐步的演变，各设备的位置可灵活调整、改变。

（3）提高了系统的可靠性、可用性和残存性。

5.2.2　计算机网络通信基础

1．基本概念

（1）数据

数据涉及事物的形式，是指能由计算机处理的且具有一定意义的物理符号。数据可分为模拟数据（是指某个区间内取连续的值）和数字数据（是指离散的值）。

（2）信息

信息是指数据的内容和解释。

（3）信号

信号是指数据的电磁或电子编码。信号有模拟信号（信号连续取值，如语音信号）和数字信号（信号取值是离散的，如计算机二进制代码）两种形式。

（4）信道

在两点之间用于收发信号的单向或双向通路，称为信道。

（5）数据通信

在数据处理机之间按照达成的协议传送数据信息的通信方式，称为数据通信。在通信过程中，数据以信号形式出现。

（6）网络传输介质

网络传输介质是指在网络中传输信息的载体。常用的传输介质分为有线传输介质和无线传输介质两大类。

对一个通信系统来说，它必须具备信源（信息的发源地）、传输媒体（信息传输过程中承载信息的媒体）、信宿（接收信息的目的地）3 个要素。

2．通信方式

对于点对点之间的通信，按消息传送的方向与时间关系，通信方式可分为单工通信、半双工通信及全双工通信 3 种。

（1）单工通信

单工通信是指消息只能单方向传输的工作方式。

（2）半双工通信

这种通信方式可以实现双向的通信，但不能在两个方向上同时进行，必须轮流交替地进行，即同一时刻里，信息只能有一个传输方向。

（3）全双工通信

这种通信方式是指在通信的任意时刻，允许数据同时在两个方向上传输，通信两端能同时接收和发送数据。

3．基带与宽带

（1）带宽

带宽是指信道能传送信号的频率宽度，也就是可传送的信号的最高频率与最低频率之差。通常用带宽来描述传输介质的传输容量，介质的容量越大，带宽就越宽，通信能力就越强，传输速率也就越高。例如，标准电话线路频带为 300～3400Hz，即带宽为 3100Hz。

衡量传输能力的指标通常采用比特率或波特率。比特率描述数字信号的传输速率，即单位时间内传输二进制代码的有效位数，单位为 bps（bits per second）或 bit/s。波特率描述调制速率，即线路中每秒传送的波形的个数，其单位为波特（baud）。两者的关系为：

$$比特率=波特率\times\log_2 N$$

其中，N 为一个脉冲信号表示的有效状态数。例如，当脉冲信号仅表示为 0、1 两种状态时，$N=2$，这时 $\log_2 N=1$，比特率=波特率。

（2）基带

基带是指电信号所固有的基本频率，也就是将全部介质带宽分配给一个单独的信道，直接用两种不同的电压来表示数字信号 0 和 1。当传输系统直接传输基带信号时，称之为基带传输。其优点是无须调制即可传送信号，简单经济；但传输距离一般限制在几公里之内。

（3）宽带

宽带是指比音频带宽更宽的频带，包括了大部分电磁波频谱。使用这种宽频带进行信息传输的系统，称之为宽带传输系统。宽带传输数据速率一般为 0～400Mbit/s，常用的是 5～100Mbit/s。

宽带传输系统中采用两种技术，分别介绍如下。

☑ 频分多路复用技术：将宽带分割成多个信道，每一路使用不同的频段，它们之间不会相互干扰，从而提高线路的利用率。例如，有线电视信号就是采用频分多路复用技术在一条线路上同时传送多套节目。

☑ 时分多路复用技术：将时间分割成许多时间片，轮流交替传送多路信号。此方法通常用于数字信号的传送。

5.2.3 计算机网络硬件基础

1．网络传输介质

网络中所采用的传输介质主要有同轴电缆、双绞线、光纤及无线介质。

（1）同轴电缆

同轴电缆的核心部分是一根导线，导线外有一层起绝缘保护作用的塑性材料，再包上一层金属网，用于屏蔽外界的干扰。

同轴电缆可分为两种基本类型，即宽带同轴电缆（特征阻抗为 75Ω）和基带同轴电缆（特征阻抗为 50Ω）。宽带同轴电缆用于模拟传输系统，它是有线电视系统（CATV）中的标准传输电缆，速率为 20Mbit/s，传输距离一般为 100km。基带同轴电缆用于数字信号传输，速率为 10Mbit/s，传输距离一般为 1km。早期的局域网中常用基带同轴电缆，而在现代网络中，同轴电缆已逐步被非屏蔽双绞线或光纤所替代。

（2）双绞线

双绞线是将两条相互绝缘的导线按一定距离绞合若干次，使外部的电磁干扰降到最低点，以保护信息和数据。双绞线按特性可分为非屏蔽双绞线（UTP，又称为电话电缆）和屏蔽双绞线（STP）两种，屏蔽双绞线优于非屏蔽双绞线。按传输质量可将双绞线分为 6 类，其传输速率在 4～1000Mbit/s 之间。目前最流行的以太网中常用三类双绞线（最大带宽为 16Mbit/s）和五类双绞线（最大带宽为 155Mbit/s）。

双绞线主要用于星形拓扑结构，组网方便，价格便宜，可靠性较高，但其传输距离小于 100m。

（3）光纤

光纤的芯线由光导纤维做成，主要用于传输光脉冲数字信号而不是电脉冲信号。芯线外围包裹着一层很厚的保护镀层，以便反射光脉冲使之继续往下传输。

光纤主要应用在大型网络系统的主干或多媒体网络应用系统中。相对于其他传输介质，其主要优点是低损耗、高带宽和高抗干扰性。目前光纤数据传输速率可达 2.4Gbit/s，更高速率有 5Gbit/s、10Gbit/s 等，传输距离一般可达上百公里。

（4）无线介质

无线传输是指在空间中采用无线频段、红外线、激光等进行传输。无线传输不受固定位置的限制，可以全方位实现三维立体通信和移动通信。无线介质的带宽最多可以达到几十 Mbit/s，如微波为 45Mbit/s、卫星为 50Mbit/s。无线介质传输的主要优点是非常方便，其主要缺点是容易受外部环境影响。

2．网络传输设备

网络中所采用的传输设备主要有网络适配器、集线器、交换机和路由器等，如图 5-2 所示。

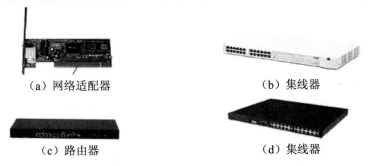

　（a）网络适配器　　　　　　　　　　　　（b）集线器

　　（c）路由器　　　　　　　　　　　　　（d）集线器

图 5-2　网络传输设备

（1）网络适配器

网络适配器又称网卡，它通过总线与计算机设备接口相连，通过网卡接口又与网络传输媒介相连。常见的网卡接口有 BNC 接口和 RJ-45 接口等。BNC 接口网卡通过同轴电缆直接与其他计算机连接，主要应用于总线型拓扑结构组网中；RJ-45 接口网卡使用双绞线连接集线器与其他计算机连接，主要应用于星形拓扑结构组网中。

（2）集线器

集线器（Hub）是网络传输媒介的中间节点，具有信号放大和转发功能，工作于物理层。一个集线器有 8 个、16 个或更多的端口，可使多个用户机通过双绞线与网络设备连接，形成带集线器的总线结构。

（3）路由器

路由器是一种连接多个网络或网段的网络设备，可将不同网络或网段之间的数据信息进行"翻译"，以使它们能够相互"读"懂对方的数据，从而构成一个更大的网络。 路由器有两大典型功能，即数据通道功能和控制功能。

（4）交换机

交换机是一种应用于数据链路层的存储、转发设备，它链接两个物理网络段并且实现数据的接收，存储与转发。从而实现把物理网络段连接成一个逻辑网络（碰撞域）的功能。它具有性能好，端口密度高，端口速度快等特点。

5.2.4 计算机网络软件基础

1. 网络协议

网络协议是网络上所有设备（网络服务器、计算机及交换机、路由器和防火墙等）之间通信规则的集合，它定义了通信时信息必须采用的格式和这些格式的意义。只有共同遵守这些事先规定好的网络协议，网络上的各种设备之间才能实现相互交换信息。大多数网络都采用分层的体系结构，每一层都建立在它的下层之上，向其上一层提供一定的服务，而把如何实现这一服务的细节对上一层加以屏蔽。一台设备上的第 n 层与另一台设备上的第 n 层进行通信的规则就是第 n 层协议。在网络的各层中存在着许多协议，接收方和发送方同层的协议必须一致，否则一方将无法识别另一方发出的信息。

一个网络协议主要由 3 个要素组成，分别介绍如下。

（1）语法：数据与控制信息的结构或格式（即"怎么做"）。

（2）语义：控制信息的含义，即需要作出的动作及响应（即"做什么"）。

（3）时序：规定了操作的执行顺序。

2. 网络体系结构

网络体系结构是指通信系统的整体设计，它为网络硬件、软件、协议、存取控制和拓扑提供了标准。目前广泛采用的是国际标准化组织（ISO）在 1979 年提出的开放系统互连（Open System Interconnection，OSI）参考模型，其他常见的网络体系结构有 FDDI、以太网、令牌环网和快速以太网等。从网络互联的角度来看，网络体系结构的关键要素是协议和拓扑。

3．OSI 参考模型

OSI 参考模型用物理层、数据链路层、网络层、传输层、对话层、表示层和应用层 7 个层次描述网络的结构，如图 5-3 所示。其规范对所有的厂商都是开放的，具有指导国际网络结构和开放系统走向的作用，直接影响总线接口和网络的性能。

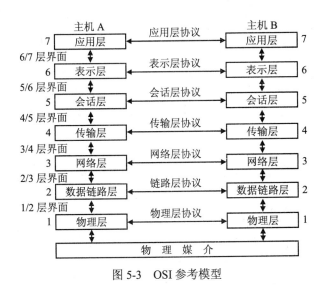

图 5-3　OSI 参考模型

各层的主要功能及其相应的数据单位如下：

（1）物理层（Physical Layer）

物理层的任务就是为它的上一层提供一个物理连接，以及相应的机械、电气、功能和过程特性。例如，规定所用电缆和接头的类型、传送信号的电压等。其单位是比特。

（2）数据链路层（Data Link Layer）

数据链路层用于在两个相邻节点间的线路上无差错地传送以帧为单位的数据，负责建立、维持和释放数据链路的连接。在传送数据时，如果接收点检测到所传数据中有差错，就要通知发送方重发这一帧。

（3）网络层（Network Layer）

网络层的任务就是选择合适的网间路由和交换节点，确保数据及时传送。网络层将数据链路层提供的帧组成数据包，包中封装有网络层包头，其中含有逻辑地址信息源站点和目的站点地址的网络地址。

（4）传输层（Transport Layer）

该层的任务是根据通信子网的特性以最佳的方式使用网络资源，并以可靠和经济的方式，为两个端系统（也就是源站和目的站）的会话层之间提供建立、维护和取消传输连接的功能，负责可靠地传输数据。在这一层，信息的传送单位是报文。

（5）会话层（Session Layer）

会话层也称为会晤层或对话层，提供了包括访问验证和会话管理在内的建立和维护应用之间通信的机制。例如，服务器验证用户登录便是由会话层完成的。

（6）表示层（Presentation Layer）

表示层主要解决用户信息的语法表示问题，即提供格式化的表示和转换数据服务。数据的压缩和解压缩、加密和解密等工作都由表示层负责。

（7）应用层（Application Layer）

应用层用于确定进程之间通信的性质以满足用户需要，并提供网络与用户应用软件之间的接口服务。

4．TCP/IP 参考模型

TCP/IP 参考模型是美国国防部高级研究计划署计算机网络（Advanced Research Projects Agency Network，ARPAnet）及其后继者——因特网使用的参考模型。

TCP/IP 参考模型分为 4 个层次，即应用层、传输层、网络互联层和主机到网络层，如图 5-4 所示。

应用层	FTP、TELNET、HTTP		SNMP、TFRP、NTP	
传输层	TCP		UDP	
网络互联层	IP			
主机到网络层	以太网	令牌环网	802.2	HDLC、PPP、FRAME-RELAY
			802.3	EIA/TIA-232，449，V.21

图 5-4　TCP/IP 参考模型的层次结构

在 TCP/IP 参考模型中，去掉了 OSI 参考模型中的会话层和表示层（这两层的功能被合并到应用层实现），同时将 OSI 参考模型中的数据链路层和物理层合并为主机到网络层。下面分别介绍各层的主要功能。

（1）主机到网络层

实际上 TCP/IP 参考模型没有真正描述这一层的实现，只是要求能够提供给其上层——网络互联层一个访问接口，以便在其上传递 IP 分组。由于这一层未被定义，所以其具体的实现方法将依据网络类型而有所不同。

（2）网络互联层

网络互联层是整个 TCP/IP 协议栈的核心，其功能是把 IP 分组发往目标网络或主机。该层定义了分组格式和协议，即 IP 协议（Internet Protocol）。除了完成路由的功能外，网络互联层也可以完成将不同类型的网络（异构网）互联的任务。此外，网络互联层还需要完成拥塞控制的功能。

（3）传输层

传输层的功能是使源端主机和目标端主机上的对等实体实现会话。在传输层定义了两种服务质量不同的协议，即传输控制协议（Transmission Control Protocol，TCP）和用户数据报协议（User Datagram Protocol，UDP）。TCP 协议是一个面向连接的、可靠的协议，用于将一台主机发出的字节流无差错地发往互联网上的其他主机。此外，TCP 协议还要处理端到端的流量控制，以避免缓慢接收的接收方没有足够的缓冲区接收发送方发送的大量数据。UDP 协议是一个不可靠的、无连接的协议，主要适用于不需要对报文进行排序和流量控制的场合。

（4）应用层

应用层面向不同的网络应用引入了不同的网络协议。其中，有基于 TCP 协议的，例如文件传输协议（File Transfer Protocol，FTP）、虚拟终端协议（Telnet）和超文本链接协议（Hyper Text Transfer Protocol，HTTP），也有基于 UDP 协议的。

5．网络软件系统

计算机网络软件系统由管理和控制计算机网络的各类软件组成，其中主要包括网络操作系统、协议软件、设备驱动程序、网络管理软件和网络应用软件等。

（1）网络操作系统（NOS）

网络操作系统主要用于管理计算机网络的软、硬件资源。常见的网络操作系统有 Windows 系列、UNIX 等。

（2）设备驱动程序

设备驱动程序主要是控制网络硬件设备的专用程序，常见的如网卡驱动程序等。

（3）网络管理软件

网络管理软件是为网络管理人员管理网络而设计的一种软件。常见的有抓包工具软件（如 Wireshark 等）、上网行为管理软件（如 WFilter 等）和远程控制软件（如 Pcanyware、Teamviewer 等）。

（4）网络应用软件

网络应用软件是在网络环境下直接让用户使用的应用软件。常见的有杀毒软件、即时通信软件、下载软件等。

5.3　Internet 基础概述

Internet（因特网）是由那些使用公用语言互相通信的计算机连接而成的全球性网络，是当今世界上最大的计算机网络，是一个由全球范围内各类计算机网络互联后形成的网络。Internet 覆盖的地域极广，网络资源极其丰富。

5.3.1　Internet 原理

Internet 是全球信息资源的总汇。它是由若干小的网络（子网）互联而成的一个逻辑网，每个子网中都连接着若干台计算机（主机）。Internet 以相互交流信息资源为目的，基于一些共同的协议，并通过许多路由器和公共互联网相互连接而成，是一个信息资源和资源共享的集合。计算机网络只是传播信息的载体，而 Internet 的优越性和实用性则在于其本身。

Internet 的特性如下：

（1）通过全球唯一的逻辑地址链接在一起，这个地址是建立在互联协议（IP）或今后其他协议基础之上的。

（2）可以通过传输控制协议和互联协议（TCP/IP），或者今后其他接替的协议或与互联协议（IP）兼容的协议来进行通信。

（3）可以让公共用户或者私人用户使用高水平的服务。这种服务是建立在上述通信及相关的基础设施之上的。

实际上，由于 Internet 是划时代的，它不是为某一种需求设计的，而是一种可以接受任何新的需求的总的基础结构，或者说，Internet 是一项正在向纵深发展的技术，是人类进入网络文明阶段或信息社会的标志，因此对 Internet 将来的发展给以准确的描述是十分困难的。但目前的情形使 Internet 早已突破了技术的范畴，正在成为人类向信息文明迈进的纽带和载体。

5.3.2 Internet 地址概述

1. IP 地址

IP 地址是唯一的，是 Internet 给每一台计算机设定的逻辑地址。这个地址是经 TCP/IP 协议认可的。

一个 IP 地址由网络标识符（Net ID）和主机标识符（Host ID）两部分组成（如图 5-5 所示），用于表明计算机是属于哪一个网络段的哪一台计算机。

网络标识	主机标识

图 5-5　IP 地址的组成

在 Internet 中，常用的 IP 地址可分为 3 类（A 类、B 类、C 类），每一类网络中 IP 地址的结构（即网络标识长度和主机标识长度）都有所不同。

目前通用的 IP 协议版本规定：IP 地址由一个 32 位的二进制数字标识，通常分为 4 组，每 8 位一组；然后用小数点分组的十进制数（由每组的 8 位二进制数转换而成）表示，每组的数值范围是 0～255，如 202.114.97.43。这种书写方法叫做点数表示法。

2. 域名、域名系统

用 IP 地址表示计算机的逻辑位置没有什么规律可言，很难记忆。为了方便解释机器的 IP 地址，Internet 又采用了域名系统（Domain Name System，DNS）。域名系统采用层次结构，按地理域或机构域进行分层，并由圆点分隔各个层次字段。层次字段从右到左依次为最高域名段、次高域名段等，最左的一个字段为主机名。例如，在 hgnu.edu.cn 中，最高域名为 cn，次高域名为 edu，最后一个域为 hgnu，主机名为 hgnu。域名的层次结构如图 5-6 所示。

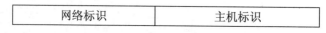

第 n 级子域名	……	第二级子域名	第一级子域名

图 5-6　域名的层次

第一级子域名是一种标准化的符号，如表 5-1 所示。

表 5-1　第一级子域名

域名	含义	域名	含义
.com	商业组织	.net	主要网络中心
.edu	教育机构	.org	上述以外的组织机构
.gov	政府部门	.int	国际组织
.mil	军事部门	Country code	国家（采用国际通用两字符编码）

域名也是 Internet 分配给每一个广域网（主机）的名字。域名有按地域分配和按机构分配的两种。按地域分配的如：

cn（China）中国　　　　hk（Hong Kong）中国香港　　　tw（Taiwan）中国台湾

jp（Japan）日本　　　　uk（United Kingdom）英国

按机构分配的如：

com（Commercial）商业机构　　　edu（Education）教育部门

gov（Government）政府机关　　　mil（Military）军队

net（Network）网络系统

域名采用分层结构，从左至右、从小范围到大范围表示主机所属的层次关系。例如 www.hgnu.edu.cn，其中 www 表示服务器服务方式，hgnu 表示主机名，edu 表示教育类网站，cn 表示中国。

3. URL 地址

在 Internet 中的 WWW 服务器上，每一个信息资源（如一个文件等）都有统一的且在网上唯一的地址，该地址称为 URL（Uniform Resource Locator，统一资源定位器）地址。

URL 地址的组成：信息服务类型://信息资源地址/文件路径。

其中，"信息服务类型"表示采用什么协议访问资源。例如，http 表示超文本信息服务，telnet 表示远程登录服务，ftp 表示文件传输服务，gophet 表示菜单式搜索服务，news 表示网络新闻服务。"信息资源地址"表示要访问的计算机的网络地址，可以使用域名地址。"文件路径"表示信息在计算机中的路径和文件名。

URL 地址示例：

http://www.hgnc.net/yuanxi/jsjx/

ftp://ftp.puk.edu.cn

telnet://bbs.whnet.edu.cn

news://news.microsoft.com

gopher://gopher.bupt.edu.cn

5.3.3　接入 Internet 的方式概述

1. 入网方式

常见的入网方式有如下几种。

（1）PSTN（公共电话网）接入 Internet

采用该方式，只需一条连接 ISP 的电话线和一个账号，即可接入 Internet。但缺点是传输速率低，线路可靠性差。因此，适合对可靠性要求不高的办公室以及小型企业。如果用户多，可以多条电话线共同工作，以提高访问速度。

（2）ISDN（综合业务数字网）接入 Internet

该方式有两个信道，传输速率可达 128Kbit/s，连接快速，线路可靠，可以满足中小型企业浏览以及收发电子邮件的需求。

（3）ADSL（非对称数字用户环路）接入 Internet

ADSL 可以在普通的电话铜缆上提供 1.5～8Mbit/s 的下行和 10～64Kbit/s 的上行传输，可进行视频会议和影视节目传输，非常适合中、小企业。

（4）DDN（数字数据网）专线接入 Internet

该方式要求有固定的 IP 地址，速率范围为 64Kbit/s～2Mbit/s，适合于企业网站使用。

（5）卫星接入 Internet

该方式要求用户安装一个小口径终端（VSAT），包括天线和其他接收设备，下行数据的传输速率一般为 1Mbit/s 左右，上行通过 PSTN 或者 ISDN 接入 ISP，适合偏远地方又需要较高带宽的用户。

（6）光纤接入 Internet

该方式一般用于主干网通信，适合大型企业。

（7）无线接入 Internet

该方式要求用户通过高频天线和 ISP 连接，距离在 10km 左右，带宽为 2～11Mbit/s，适合城市里距离 ISP 不远的用户。

（8）Cable Modem 接入 Internet

该方式要求借助于有线电视网的线路，速率可以达到 10Mbit/s 以上，适合家庭个人用户。

2．入网基本条件

下面举例说明几种入网方式所需的基本条件，具体如下。

（1）电话拨号仿真终端方式（如 PSTN 接入 Internet）

这是用户进入 Internet 最简单的方式，通过电话拨号进入一个提供 Internet 服务的联机（On-Line）服务系统，通过联机服务系统使用 Internet 服务。用户使用这种方式需要以下配置：计算机（PC 386 以上）；调制解调器（Modem，速率分为 14.4Kbit/s、28.8Kbit/s、33.6Kbit/s、56Kbit/s 几种）；电话线；标准的通信软件（TCP/IP 协议等软件）；在所选择的 ISP 那里申请一个账号。

（2）SLIP/PPP 接入 Internet（如 ADSL 接入 Internet）

使用这种方式的用户需要以下配置：计算机（PC 386 以上）；调制解调器（Modem，速率分为 14.4Kbit/s、28.8Kbit/s、33.6Kbit/s、56Kbit/s 几种）；电话线；附加了 SLIP/PPP 的 TCP/IP 软件；还需要在 ISP 申请一个 SLIP/PPP 账号。

（3）专线连接（即网络）接入 Internet（如 ISDN 接入 Internet）

以这种方式入网的用户需要以下配置：计算机（需增加一块网卡）、路由器；租用通信专线。

（4）无线连接方式（如无线接入 Internet）

以该种方式入网的用中需要如下配置：计算机无线网卡、用户无线终端、用户账号和高频天线等。

3．接入 Internet 举例

下面以拨号上网方式为例介绍如何接入 Internet。配置拨号上网的操作包括安装 Modem 和 Modem 驱动程序、安装网络协议和建立拨号连接。

首先，要做好接入 Internet 必要的准备工作。

（1）安装 Modem 和 Modem 驱动程序。

（2）安装拨号网络适配器。

（3）安装 TCP/IP 协议。

（4）安装拨号网络。

（5）安装拨号程序。

（6）配置 TCP/IP 协议。

接下来，执行如下操作就可以畅游网上世界了。

（1）将电话线、Modem 连接好，然后启动计算机。

（2）双击桌面上的【拨号连接】图标，弹出如图 5-7 所示的对话框。

（3）在该对话框中输入用户名、密码和 ISP 的上网电话号码，然后单击【连接】按钮，系统开始拨号连网。

经过拨号、验证用户账号和密码以及网络登录的过程之后，用户的计算机就连接到 Internet 上，并在 Windows 的任务栏右侧出现一个图标 。

图 5-7　【连接 宽带连接】对话框

5.4　Internet 应用概述

Internet 是一个大型广域计算机网络，对推动科学、文化、经济和社会的发展有着不可估量的作用。进入新世纪以来，很多国家开始制定信息高速公路建设计划。建设信息高速公路的目的是为了满足人们在未来随时随地对信息交换的需要，即在现有电话交换网（PSTN）、公共数据网（PDN）、广播电视网和 B-ISDN 的基础上，利用无线通信、蜂窝移动电话、卫星移动通信和有线电视网等通信手段，最终实现"任何人在任何地方、任何时间，都能使用任一种通信方式实现任何业务的通信"。

5.4.1　Internet 功能概述

Internet 实际上是一个应用平台，在其上可以开展多种应用。下面从 7 个方面来说明 Internet 的功能，包括信息的获取与发布、电子邮件、网上交际、电子商务、网络电话、网上事务处理，以及 Internet 的其他应用。

☑ 信息的获取与发布：其中包括书库、图书馆、杂志期刊、报纸，以及政府、公司、学校信息和各种不同的社会信息。

☑ 电子邮件（E-mail）。

☑ 网上交际：聊天、交友、玩网络游戏等。

☑ 电子商务：网上购物、网上商品销售、网上拍卖、网上货币支付等。

☑ 网络电话：IP 电话服务、视频电话。

☑ 网上事务处理：网络办公自动化。

☑ Internet 的其他应用：远程教育、远程医疗、远程主机登录、远程文件传输。

5.4.2 WWW 服务与浏览器

1. WWW（World Wide Web）服务

WWW 是一种基于超文本（Hypertext）方式的信息查询工具，其最大的特点是拥有非常友好的图形界面、非常简单的操作方法以及图文并茂的显示方式。WWW 系统也采用服务器/客户机结构，在服务器端定义了一种组织多媒体文件的标准——超文本标识语言（HTML）。按 HTML 格式储存的文件被称作超文本文件。通常在每一个超文本文件中都有一些 Hyperlink（超链接），用于把该文件与别的 Hypertext 超文本文件连接起来构成一个整体。在客户端，WWW 系统通过 Netscape 或 Internet Explorer 等工具软件提供了方便、快捷地查阅超文本文件的手段。

2. Internet Explorer 浏览器

Internet Explorer 是在 Internet 海洋中遨游的必要交通工具。在 Windows XP 中集成了 Internet Explorer 7.0（简称为 IE 7.0）浏览器。其主界面如图 5-8 所示。其中，链接栏提供了一些常用更新网页的快捷方式。

标题栏 菜单栏 工具栏 地址栏 链接栏

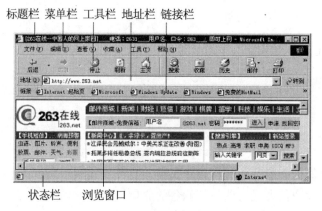

状态栏　　浏览窗口

图 5-8　IE 7.0 的界面

浏览 Internet 的目的是为了查找所需要的信息和获取有关的服务，而 Internet 是一个巨大的信息库，每天都有新的网页和新的站点不断涌现，凭一个人的精力和时间是不可能将所有的信息浏览完的。所以，为了方便用户快速地查找所需要的信息，IE 7.0 提供了一系列搜索功能，使用户可以轻松、快捷地在 Internet 上搜索信息。

（1）从地址栏中搜索 Web 页

在地址栏中输入 Web 页的地址或者要搜索的单词或短语，然后按 Enter 键或单击 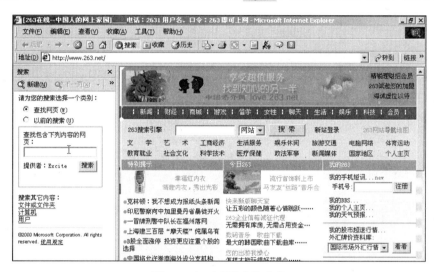按钮，IE 将开始搜索。

（2）通过【搜索】窗格搜索 Web 页

如果不知道要搜索的 Web 站点的地址，可以利用 IE 中的【搜索】窗格搜索各种信息，例如 Web 页、电子邮件、公司、地图等。

要搜索 Web 页，单击工具栏上的【搜索】按钮，打开【搜索】窗格，如图 5-9 所示。

图 5-9　打开【搜索】窗格

在【搜索】窗格中选择搜索类别：

☑ 选中【查找网页】单选按钮，在【查找包含下列内容的网页】文本框中输入要搜索的关键字，单击【搜索】按钮，即可进行搜索。搜索的结果是包含搜索关键字的 Web 页面超链接列表，并按照产生的连接与查询条件的匹配程度进行排序。

☑ 选中【以前的搜索】单选按钮，则会显示以前搜索过的所有字段的超链接列表。

（3）设置 IE 的主页

①选择【工具】→【Internet 选项】命令，弹出如图 5-10 所示的【Internet 选项】对话框。

②在【地址】文本框中输入"www.hgnc.net"，则每次打开 IE 浏览器时即自动进入"黄冈师范学院"主页。若单击【使用空白页】按钮，则每次打开一个空白页。

③设置完成后，单击【确定】按钮即可。

3. 使用 IE 的收藏夹

如果游览到自己感兴趣的站点，可以将其网址

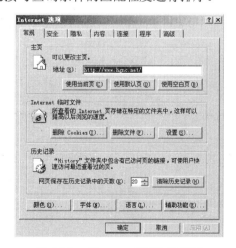

图 5-10　【Internet 选项】对话框

保存下来，以便以后再次访问。IE 的收藏夹便提供了这样的功能。

（1）收藏网址

①打开 IE，在地址栏中输入"www.hgnc.net"，打开"黄冈师范学院"主页。

②选择【收藏】→【添加到收藏夹】命令，弹出如图 5-11 所示的【添加到收藏夹】对话框。

③单击【确定】按钮，"黄冈师范学院"主页即被收藏到收藏夹的某个目录下，如图 5-12 所示。

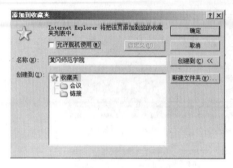

图 5-11　【添加到收藏夹】对话框

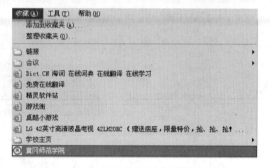

图 5-12　添加了"黄冈师范学院"的网址

（2）整理收藏夹

①选择【收藏】→【整理收藏夹】命令，弹出如图 5-13 所示的【整理收藏夹】对话框。

②单击【创建文件夹】按钮，创建一个名为【搜索引擎】的文件夹。

③可以用两种方法将上面收藏的【黄冈师范学院】主页移至【搜索引擎】文件夹下。

☑　按住鼠标左键，将【黄冈师范学院】主页拖至【搜索引擎】文件夹下。

☑　单击【黄冈师范学院】主页选定它，然后单击【移至文件夹】按钮，弹出【浏览文件夹】对话框。在该对话框中选择【搜索引擎】文件夹，然后单击【确定】按钮即可。

（3）利用收藏夹快速访问网页

①打开 IE 浏览器。

②单击【收藏】菜单，在弹出的如图 5-14 所示的菜单中选择所需的自定义子文件夹选项，便可以快速地进入选定的主页。

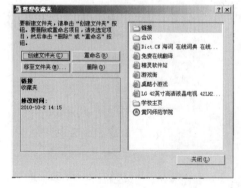

图 5-13　【整理收藏夹】对话框

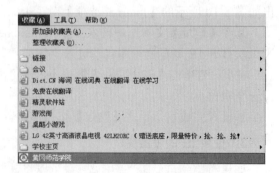

图 5-14　【收藏】菜单

有了收藏夹，可以不必再担心会忘记以前访问过的很好的网站地址，而且省去了在地址栏里输入网址的麻烦。

5.4.3　FTP 与 Telnet

1．FTP 服务

文件传输是 Internet 的一项重要的服务，主要用于 Internet 上的主机之间或主机与用户终端之间的互传。网上文件传输的实现依赖于文件传输协议（File Transfer Protocl，FTP）的支持。FTP 是一种实时的联机服务，在工作时先要登录到对方的计算机上。使用 FTP 几乎可以传送任何类型的文件，如文本文件、二进制文件、图像文件、声音文件和数据压缩文件等。在 Internet 上，许多数据服务中心都提供了一种"匿名文件传送服务"（Anonymous FTP），用户在登录时可以用 Anonymous 作用户名，用自己的电子信箱地址作口令。

FTP 的主要功能如下：

（1）可在客户机与服务器之间交换一个或多个文件（不是文件夹）。注意，文件是复制而不是移动。

（2）能够传输不同类型的文件，包括 ASCII 文件和 Binary 文件（无须交换文件的原始格式）。

（3）提供对本地和远程系统的目录操作功能，如改变目录、建立目录等。

（4）可以对文件进行重命名、显示内容、改变属性、删除及其他一些操作。

2．Telnet

远程登录（Telnet）实际上可以看成是 Internet 的一种特殊通信方式，其功能是把用户正在使用的终端或主机变成它要在其上登录的某一远程主机的仿真远程终端。利用远程登录，用户可以通过自己正在使用的计算机与其登录的远程主机相连，进而使用该主机上的硬件、软件以及数据资源。使用远程登录服务时，用户必须在自己的计算机（称为"本地计算机"）上运行一个称为 Telnet 的程序，该程序通过 Internet 连接到所指定的计算机（称为"远程计算机"），这个过程称为"联机"。联机成功后，有些系统还要求输入用户的标识和密码进行登录。一旦登录成功，Telnet 程序就作为本地计算机与远程计算机之间的中介而工作。用户用键盘在本地计算机上输入的所有内容都将传给远程机，而远程计算机显示的一切内容也将传送到用户的本地计算机上并在屏幕上显示出来。远程登录的工作流程如图 5-15 所示。

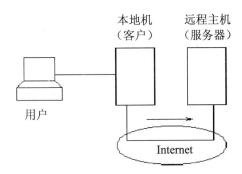

图 5-15　Telnet 远程登录

5.4.4　电子邮件

1．电子邮件服务

电子邮件服务（E-mail）是一种通过计算机网络与其他用户进行联系的现代化通信手段，快速、简便、高效、廉价。使用 Internet 提供的电子邮件服务的前提是，首先要拥有自己的电子邮箱。电子邮箱地址格式：用户名@邮件服务器名（如 jsjzhouj@hgnu.edu.cn）。

下面以在 http://www.tom.com 网站上申请一个免费电子邮箱为例，介绍电子邮箱的申请方法。

（1）打开 IE，在地址栏中输入"http://www.tom.com"，按 Enter 键，打开其主页，如图 5-16 所示。

图 5-16　tom.com 主页

（2）在主页上单击【免费邮箱】超链接，进入【TOM 免费邮箱】页面，如图 5-17 所示。

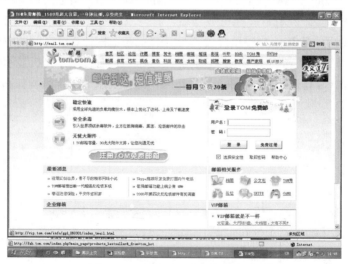

图 5-17　【TOM 免费邮箱】页面

（3）单击【免费注册】按钮，进入【TOM 用户注册】页面，如图 5-18 所示。

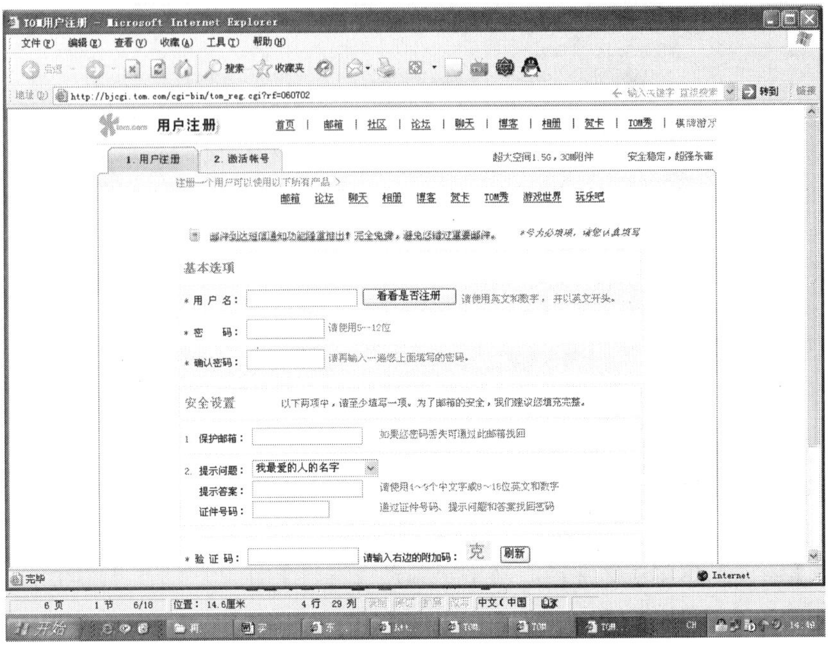

图 5-18　【TOM 用户注册】页面

（4）根据提示填写相关信息，单击【下一步】按钮，最后单击【完成】按钮，即可成功申请一个免费电子邮箱。

2．Outlook Express

（1）Outlook Express 简介

Outlook Express（OE）是微软公司出品的一款电子邮件客户端，也是一个基于 SMTP 协议的 Usenet 客户端，如图 5-19 所示。微软将这个软件与操作系统以及 Internet Explorer （网页浏览器）捆绑在一起。其常用功能如下：

①管理多个邮件和新闻账户。

②轻松、快捷地浏览邮件。

③在服务器上保存邮件以便从多台计算机上查看。

④使用通讯簿存储和检索电子邮件地址。

⑤在邮件中添加个人签名或信纸。

⑥发送和接收安全邮件。

⑦查找感兴趣的新闻组。

⑧有效地查看新闻组对话。

⑨下载新闻组以便脱机阅读。

（2）Outlook Express 设置步骤

①启动 Outlook Express，选择【工具】→【账号】命令，在弹出的【Internet 账户】对话框中选择【邮件】选项卡，如图 5-20 所示。

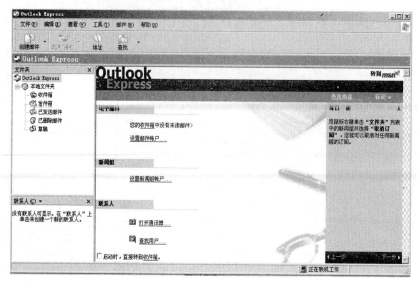

图 5-19　Outlook Express 主窗口

②单击【添加】按钮，在弹出的菜单中选择【邮件】命令，打开【Internet 连接向导】对话框，如图 5-21 所示。

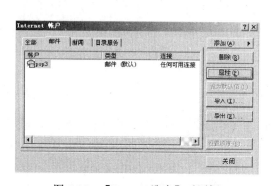

图 5-20　【Internet 账户】对话框

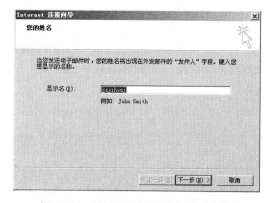

图 5-21　【Internet 连接向导】对话框

③在【显示名】文本框中输入在发送邮件时想让对方看到的名字，单击【下一步】按钮。

④弹出【Internet 电子邮件地址】对话框，在【电子邮件地址】文本框中输入自己的电子邮件地址，单击【下一步】按钮，如图 5-22 所示。

⑤弹出【电子邮件服务器名】对话框，根据所使用邮箱的实际情况填写收发邮件服务器，单击【下一步】按钮，如图 5-23 所示。

⑥弹出【Internet Mail 登录】对话框，在【账户名】和【密码】文本框中分别输入邮件地址和密码，单击【下一步】按钮，如图 5-24 所示。

⑦在弹出的对话框中单击【完成】按钮，完成邮件地址的添加。此时在【Internet 账户】对话框中可以看到已添加了所设置的新邮件账户，如图 5-25 所示。

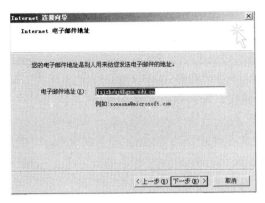

图 5-22　输入电子邮件地址

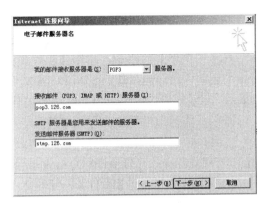

图 5-23　输入收发邮件服务器地址

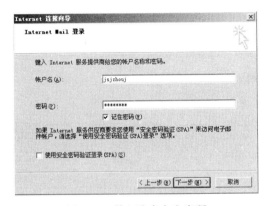

图 5-24　输入账户名和密码

图 5-25　新邮件账户

⑧选择新增的邮件账户，单击【属性】按钮，打开【POP3 属性】对话框。选择【服务器】选项卡，选中【我的服务器要求身份验证】复选框，单击【应用】按钮，再单击【确定】按钮，如图 5-26 所示。

⑨到自己的 Internet 邮箱中将相应的 POP3 开启。

（3）Outlook Express 入门

Internet 连接向导将引导与一个或多个邮件或新闻服务器建立连接。

Outlook Express 常用的功能操作如下：

☑　添加邮件或新闻账户

需要从 Internet 服务提供商（ISP）或局域网（LAN）管理员那里得到以下信息：

➢　对于邮件账户，需要知道所使用的邮件服务器的类型（POP3、IMAP 或 HTTP）、账户名和密码，以及接收邮件服务器的名称、POP3 和 IMAP 所用的发送邮件服务器的名称。

➢　对于新闻账户，需要知道要连接的新闻服务器名，必要时还需要知道账户名和密码。

选择【工具】→【账户】命令，打开【Internet 账户】对话框。单击【添加】按钮，选择【邮件】或【新闻】以打开 Internet 连接向导，然后按屏幕指示建立与邮件或新闻服务器的连接。为每个账户重复以上过程，每个用户即可创建多个邮件或新闻账户。

☑ 在邮件和新闻阅读之间切换

在【文件夹】窗格中，单击【收件箱】可访问自己的电子邮件；单击新闻服务器名或特定的新闻可访问新闻组。此外，单击【文件夹】窗格顶部的 Outlook Express 可打开 Outlook Express 启动窗格，从中单击一个需要的任务超链接，即可执行相应的任务。

☑ 从其他邮件程序中导入邮件

使用 Outlook Express 导入向导，可以轻松地从各种流行的 Internet 电子邮件程序（例如 Microsoft Exchange、Microsoft Outlook 以及 Netscape Communicator 和 Eudora）中导入邮件。

①在菜单栏中选择【文件】→【导入】→【邮件】命令，如图 5-27 所示。

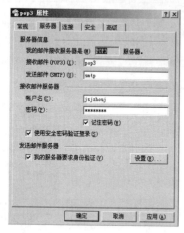

图 5-26　Outlook Express 账号对应
服务器的选定

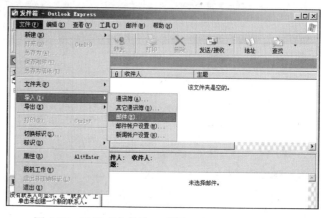

图 5-27　选择【文件】→【导入】→【邮件】命令

②打开【Outlook Express 导入】对话框，选定要从中导入邮件的电子邮件程序，然后单击【下一步】按钮，如图 5-28 所示。

③打开【邮件位置】页面，单击【浏览】按钮，选择要导入的邮件的位置（找到事先存放采用其他电子邮件程序的邮件的文件夹），然后单击【下一步】按钮。在弹出的对话框中选择【所有邮件】以导入所有邮件（如果选择【选定的文件夹】，则可从一个或多个文件夹中导入邮件），然后单击【下一步】按钮。

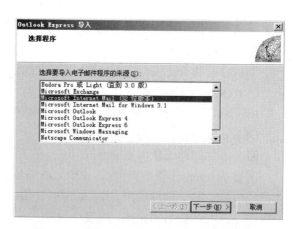

图 5-28　选择 Outlook Express 邮件导入来源

④在弹出的对话框中单击【完成】按钮。

💡 提示：如果无法确定要从哪个版本的哪种电子邮件程序中导入邮件，可运行该电子邮件程序，选择【帮助】→【关于】命令来查看其中的信息。

☑　从另一个程序导入通讯簿

可以从其他 Windows 通讯簿文件（.wab）、Netscape Communicator、Microsoft Exchange 个人通讯簿，以及任何 CSV 文本文件中导入通讯簿联系人。

对于 Windows 通讯簿文件：

①如图 5-29 所示，选择【文件】→【导入】→【通讯簿】命令，打开【选择要从中导入的通讯簿文件】对话框。

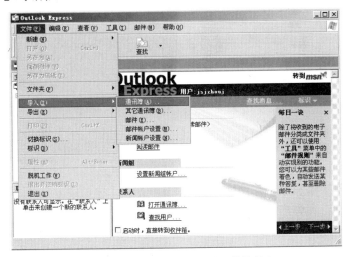

图 5-29　Outlook Express 通讯簿的导入

②查找并选择要导入的通讯簿，单击【打开】按钮；单击要导入的通讯簿或文件类型，单击【导入】按钮。如果是未列出的通讯簿，可以先将它导出到 CSV 文件或 LDIF（LDAP 目录交换格式）文件，然后使用那种文件类型将其导入。

☑　发送电子邮件

下面介绍如何使用 Outlook Express 发送电子邮件。

①选择【文件】→【新建】→【邮件】命令，如图 5-30 所示。

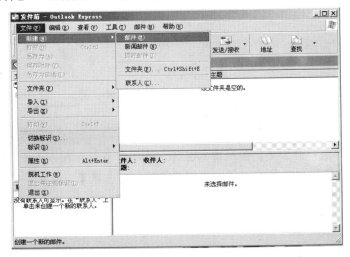

图 5-30　选择【文件】→【新建】→【邮件】命令

②弹出【新邮件】窗口，在【收件人】或【抄送】文本框中输入每位收件人的电子邮件地址，分别用英文逗号或分号（;）隔开，如图 5-31 所示。

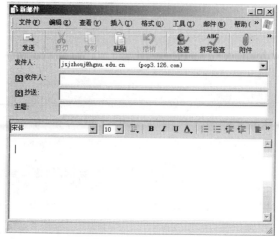

图 5-31 【新邮件】窗口

若要从通讯簿中添加电子邮件地址，可在【新邮件】窗口中分别单击【收件人】和【抄送】旁的书本图标，在弹出的【选择收件人】对话框中单击【查找】按钮，在打开的【查找用户】对话框中选择所需的地址，如图 5-32 所示。

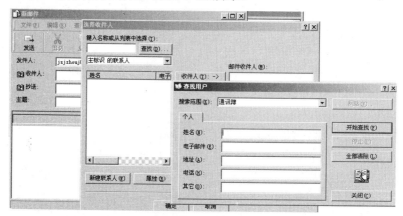

图 5-32 查找收件人

③在【主题】文本框中输入邮件主题，然后撰写邮件。最后，单击工具栏上的【发送】按钮，即可发送邮件。

如果有多个邮件账户，并要使用默认账户以外的账户，可在【发件人】下拉列表框中选择要使用的邮件账户。如果是脱机撰写邮件，则邮件将保存在发件箱中，下次联机时会自动发出。若要保存邮件的草稿以便以后继续编辑，可选择【文件】→【保存】（或【另存为】）命令，然后以邮件（.eml）、文本（.txt）或 HTML（.htm）格式将邮件保存在文件系统中。

☑ 阅读邮件

在 Outlook Express 中，单击工具栏上的【发送/接收】按钮，待下载完邮件后，单击【文件夹】窗格中的【收件箱】图标，即可以在单独的窗口或预览窗格中阅读邮件。

若要在预览窗格中查看邮件，可在邮件列表中单击该邮件。若要在单独的窗口中查看邮件，可在邮件列表中双击该邮件。若要查看有关邮件的所有信息（如发送邮件的时间），可选择【文件】→【属性】命令。若要将邮件存储在文件系统中，可选择【文件】→【另存为】命令，在弹出的对话框中选择保存类型（邮件、文件或 HTML 等）和存储位置，然后单击【保存】按钮即可。

习　题　五

1．填空题

（1）计算机网络是由负责信息处理并向全网提供可用资源的资源子网和负责信息传输的_____子网组成。

（2）我国因特网域名体系的二级类别域名规定，"教育机构"的代码是_____。

（3）Internet（因特网）上最基本的通信协议是_____。

（4）TCP/IP 协议模型有 4 个层次，它们从底向上分别是_____、_____、_____和_____。

（5）用户可以通过 FTP 把远程计算机中的文件复制到本地计算机上，称为_____；也可以把本地计算机中的文件复制到一台远程计算机中，称为_____。

（6）计算机网络协议由_____、_____和_____3 个要素组成。

（7）HTML 是_____。

（8）HTTP 是_____。

（9）典型的电子邮件地址一般由_____和主机域名组成。

（10）中国教育科研网的缩写是_____。

2．单选题

（1）计算机网络的功能是_____。

    A．数据处理　　　B．文献检索　　　C．资源共享和信息传输 D．信息传输

（2）OSI（开放系统互联）参考模型的最底层是_____。

    A．传输层　　　B．网络层　　　C．物理层　　　D．应用层

（3）以下关于计算机网络的分类中，不属于按照覆盖范围分类的是_____。

    A．对等网络　　　B．局域网　　　C．城域网　　　D．广域网

（4）接入 Internet 的每一台主机都有一个唯一的可识别地址，称做_____

    A．URL　　　B．TCP 地址　　　C．IP 地址　　　D．域名

（5）WWW 是_____。

    A．局域网的简称　　　　　　　B．广域网的简称

    C．万维网的简称　　　　　　　D．Internet 的简称

（6）下列域名中合法的是_____。

A. www.yahoo.com
B. www.com.gov
C. 202.112.10.33
D. book@263.net

（7）网址中的 http 是指_____。

A. TCP/IP 协议   B. 计算机名   C. 文件传输协议   D. 超文本传输协议

（8）在计算机网络中，LAN 代表的是_____。

A. 局域网   B. 广域网   C. 互联网   D. 以太网

（9）下列各项中不能作为 IP 地址的是_____。

A. 202.96.0.1   B. 202.110.7.12   C. 112.256.23.8   D. 159.226.1.18

（10）下列域名中，属于教育机构的是_____。

A. ftp://btA. mil.cn
B. news.sinA. com
C. www.sinA. com.cn
D. www.hgnu.edu.cn

（11）通过 Internet 发送或接收 E-mail 的首要条件是应该有一个 E-mail 地址，其正确形式是_____。

A. 用户名@域名
B. 用户名#域名
C. 用户名/域名
D. 用户名.域名

（12）Internet 上各种网络和各种不同计算机间相互通信的基础是_____协议。

A. IPX   B. HTTP   C. TCP/IP   D. X.25

（13）用 E-mail 发送信件时须知道对方的地址。在下列表示中，_____是一个合法、完整的 E-mail 地址。

A. center.zjnu.edu.cn@userl
B. userl@center.zjnu.edu.cn
C. userl.center.zjnu.edu.cn
D. userl$center.Zjnu.edu.cn

（14）IP 地址是 Internet 上唯一标识一台主机的识别符，它由_____两部分组成。

A. 数字和小数点
B. 主机地址和网络地址
C. 域名和用户名
D. 普通地址和广播地址

3. 判断题

（1）48.201.1.23 是我们所说的域名。（   ）

（2）因特网间传送数据不一定要通过 TCP/IP 协议。（   ）

（3）由于因特网上的 IP 地址是唯一的，所以每个人只能有一个 E-mail 账号。（   ）

（4）用户可使用匿名（Anonymous）FTP 免费获取因特网上丰富的资源。（   ）

（5）在 IE 中，【向后】按钮指的是移到上次查看过的 Web 页。（   ）

（6）因特网就是所说的万维网。（   ）

（7）邮件中的附件，不能被单独下载。（   ）

（8）输入网址时"http://"一定要输入。（   ）

（9）与 Internet 相连的任何一台计算机，都称之为主机。（   ）

（10）向对方发送电子邮件时，要求对方一定开机。（   ）

第6章 实用工具软件

对计算机来说，硬件是基础，软件才是灵魂。只有在计算机上安装了各种软件，才能解决实际生活中的问题，体现计算机的价值所在。计算机的日常应用以多媒体应用为主，所以接下来将围绕多媒体应用介绍一些实用工具软件。

本章要求掌握基本的多媒体相关概念，对常用的图片、音频、视频等相关知识有所了解，并能动手操作相关软件进行多媒体编辑。

6.1 多媒体技术概述

1．多媒体

多媒体是融合两种或两种以上媒体（如文字、图形、图像、声音、视频等）的人机交互式信息交流和传播媒体。

2．多媒体技术

多媒体技术是一种基于计算机科学的综合技术，它包括数字化信息处理技术、音频和视频技术、计算机软件和硬件技术、人工智能和模式识别技术以及通信和网络技术等。或者说，所谓多媒体技术是以计算机为中心，把语音、图像处理技术和视频技术等集成在一起的技术。具有这种功能的计算机称为多媒体计算机。

3．多媒体应用领域

随着计算机的不断普及，多媒体技术的应用领域日益广泛，已渗透到日常工作、生活的方方面面。主要表现在以下几个方面：

（1）教育与培训

以多媒体计算机为核心的现代教育技术使教学手段丰富多彩，使计算机辅助教学（CAI）如虎添翼——学习效果好，说服力强；教学信息的集成使教学内容丰富、信息量大；感官整体交互、学习效率高，各种媒体与计算机结合可以使人类的感官与想象力相互配合，产生前所未有的思维空间与创造资源。

（2）桌面出版与办公自动化

桌面出版物主要包括印刷品、表格、布告、广告、宣传品、海报、市场图表和商品图等。它采用先进的数字影像和多媒体技术，把文件扫描仪、图文传真机及文件资料微缩系统等和通信网络等现代化办公设备综合管理起来，构成全新的办公自动化系统，成为新的发展方向。

（3）多媒体电子出版物

电子出版物的内容可以是电子图书、辞书手册、文档资料、报刊杂志、教育培训、娱乐游戏、宣传广告、信息咨询和简报等，也可以是多种类型的混合。电子出版物的出版形式有电子网络出版和单行电子书刊两大类。电子网络出版是以数据库和通信网络为基础的一种全新的出版形式，在计算机管理和控制下，向读者提供网络联机服务、传真出版、电子报刊、电子邮件、教学及影视等多种服务；而单行电子书刊载体包括软磁盘（FD）、只读光盘（CD-ROM）、交互式光盘（CD-I）、图文光盘（CD-G）、照片光盘（Photo-D）、集成电路卡（IC）和新闻出版者认定的其他载体。

（4）多媒体通信

多媒体通信最常见的便是电子邮件。随着"信息高速公路"的开通，电子邮件已被普遍采用。此外，多媒体通讯有着极其广泛的内容，其中对人类生活、学习和工作将产生深刻影响的当属信息点播和计算机协同工作（CSCW）系统。信息点播有桌上多媒体通信系统和交互电视 ITV。通过桌上多媒体信息系统，人们可以远距离点播所需信息，而交互式电视和传统电视不同之处在于用户在电视机前可对电视台节目库中的信息按需选取，即用户主动与电视进行交互，获取信息。计算机协同工作（CSCW）是指在计算机支持的环境中，一个群体协同工作以完成一项共同的任务，主要应用于工业产品的协同设计制造、远程会诊、不同地域之间的学术交流以及师生间的协同式学习等。

（5）多媒体声光艺术品的创作

专业的声光艺术作品包括影片剪接、文本编排以及音响、画面等特殊效果的制作等。专业艺术家也可以通过多媒体系统的帮助增进其作品的品质，如 MIDI 的数字乐器合成接口可以让设计者利用音乐器材、键盘等合成音响输入，然后进行剪接、编辑，制作出许多特殊效果；电视工作者可以用媒体系统制作电视节目；美术工作者可以制作动画的特殊效果。制作的节目存储到 VCD 视频光盘上，不仅便于保存，图像质量好，价格也易为人们所接受。

6.2 图形、图像常用编辑软件

6.2.1 图形、图像的概念

图形是指由外部轮廓线条构成的矢量图，即由计算机绘制的直线、圆、矩形、曲线和图表等。

图像是指由扫描仪、摄像机等输入设备通过捕捉实际的画面产生的。图像用数字描述像素点、强度和颜色，适用于表现含有大量细节的对象，如照片、绘图等。计算机中的图像从处理方式上可以分为位图和矢量图。

图像由一些排列的像素组成，在计算机中的存储格式有 BMP、TIFF 和 GIF 等，一般数据量比较大。图形只保存算法和特征点，所以相对于位图（图像）来说，其占用的存储空间较小；但由于每次屏幕显示时都需要重新计算，显示速度没有图像快。

6.2.2 常用图片文件格式

1. BMP 格式

BMP 格式的图像信息以点位形式存储，没有经过任何压缩，因此占用大量磁盘空间。

这种图形格式比较简单，所以经常使用。特别是在 Windows 环境下用屏幕截取方式获得图像时，常默认采用 BMP 格式将截取下来的图像保存起来。一般不用此格式存储较大以及色彩丰富的图像。

2．TIF 格式

与 BMP 格式类似，TIF 格式的图像信息一般也未经过压缩，所以容量也相对较大。这种格式可以存储高精度 24 位、32 位真彩色的大型图像，便于印前处理和最后供照排机输出制版胶片，并适用于几乎所有系统。

3．JPG（JPEG）格式

JPG 是一种采用 JPEG 算法的有损压缩格式。其信息损失程度可以人为进行调节的。实际上，一幅图像有些信息损失，也是可以接受的。由于 JEPG 算法可以大幅度压缩信息并以 16M 色存储图像，便于传输，网络浏览器也支持此格式，因此得到了广泛应用。

4．GIF 格式

GIF 是最受欢迎、使用最普遍的一种图像格式，其全称是 Graphics Interchange Format，即图像交换格式。主要特点如下：

- ☑　信息压缩效率高。
- ☑　与具体软件和硬件无关。
- ☑　能有效处理 256 色图像，也是在网络中最经常用到的一种图片格式。

6.2.3　看图软件 ACDSee

ACDSee 是一款非常流行的数字图像处理软件，广泛应用于图片的获取、管理、浏览和优化等。它从数码相机和扫描仪获取图片，提供图片查找、组织和预览功能；支持超过 50 种多媒体格式；能快速、高质量地显示图片。从 ACDSee 8 开始，这款软件正式更名为 ACDSee 8 Photo Manager，这说明其功能已经从最初的单一视图过渡到了全面的图像管理。ACDSee 的工作界面如图 6-1 所示。

图 6-1　ACDSee 工作界面

1．数码照片的导入

ACDSee 可以把数码照片直接导入到计算机中，进行照片管理、照片浏览及生成数码相册。

如图 6-2 所示，选择【导入】→【从设备】命令，在弹出的对话框中单击【下一步】按钮，选择导入设备后再单击【下一步】按钮，即可看到所有照片。选择要导入的照片，或直接单击【全部选择】按钮来选择全部的照片，然后单击【下一步】按钮，即可导入数码设备中的照片文件。

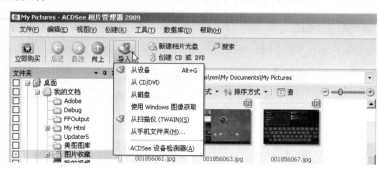

图 6-2　数码照片导入

2．浏览数码照片

把数码照片导入到计算机中后，就可以使用 ACDSee 对其进行浏览了。直接双击照片，即可使用 ACDSee 快速查看器打开照片，其中提供了浏览、翻转、放大/缩小及删除等基本功能。

启动 ACDSee 程序将打开其默认的浏览模式窗口，如图 6-3 所示。在左侧【文件夹】窗格的树形目录中找到并选中要浏览图片所在的文件夹，在右侧窗格中将显示该文件夹中的所有图片。在其中单击一幅图片，即可预览其内容。此外，还可以在【查看】下拉列表框中改变图片文件的显示方法。

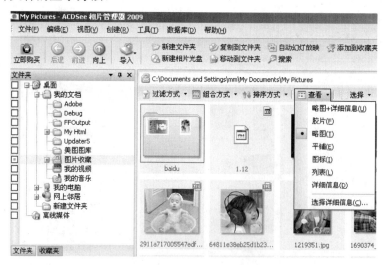

图 6-3　ACDSee 浏览窗口

3．管理数码照片

ACDSee 提供了强大的数码照片管理功能，具体介绍如下。

（1）日历事件

ACDSee 提供了日历事件视图。日历事件提供了多种视图查看模式，可以按事件、年份、月份及日期查看照片。ACDSee 以每次导入图片为一个事件，可以直接拖动图片为事件设置缩略图，也可以为事件添加相应描述，这样就可以通过事件视图来快速定位某次的导入图片了。另外，通过年份、月份或日期事件，可以快速定位到某个时间导入的照片，这样就可以通过时间来快速定位自己需要查看的照片。

（2）按照片属性准确定位照片

可以为照片添加属性，为其设置标题、日期、作者、评级、备注、关键词及类别等。通过这些设置选项，就可以通过浏览区域顶部的【过滤方式】、【组合方式】、【排序方式】来进行准确定位，ACDSee 将按照每张图片的属性进行排列，这样即可快速找到所需要的照片。

（3）照片收藏夹

ACDSee 还提供了强大的收藏夹功能。用户可以把自己喜欢的数码照片添加到收藏夹中（也可以把照片直接拖动到收藏夹内），以后想浏览的时候，只需要单击收藏夹中的相应文件夹，就可以在浏览区域快速查看该收藏夹中的照片了。

（4）隐私文件夹

如果某些照片不想让其他人看到，只是供自己浏览，则可以创建自己的隐私文件夹，把这些照片添加到其中，并为其设置密码，只有在输入密码后方可打开该隐私文件夹。

4．数码照片的简单编辑

对于某些不尽如人意的照片，ACDSee 提供了简单的图像编辑功能，可以对图片进行简单的处理。ACDSee 提供了曝光、阴影/高光、色彩、红眼消除、相片修复以及清晰度等基本的编辑功能，操作非常简单，只要打开 ACDSee 的编辑模式，然后选择右侧的编辑功能，即可在新窗口中对照片进行编辑，如图 6-4 所示。

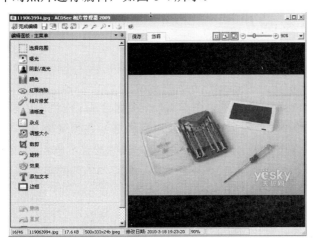

图 6-4　图片编辑

此外，还可以把数码照片制作成幻灯片，这样就可以一边欣赏音乐一边自动播放数码照片了。选择【创建】→【创建幻灯放映文件】命令，在打开的窗口中选择要创建的文件格式（其中包括独立放映的 EXE 格式文件、屏幕保护的 SCR 格式文件及 Flash 格式文件），然后添加要制作幻灯片的数码照片，再设置好幻灯片的转场、标题及音乐等，接着对幻灯片选项进行设置，最后设置好保存幻灯片的位置，即可完成幻灯片的创建。

5. 数码照片的格式转换与压缩

ACDSee 提供了将所支持的图像文件转换为 BMP、JPG、PCX、TGA 和 TIF 等格式的功能，其操作步骤如下。

单击【批量转换文件格式】按钮，打开【批量转换文件格式】对话框，从中选择需要转换成的目标格式，进行相应设置后即可，如图 6-5 所示。

另外，一般的数码照片文件比较大，需要占用较多的磁盘空间，当对图片质量要求不高时，可以采用批量压缩的方法为图片快速"减肥"，如图 6-6 所示。

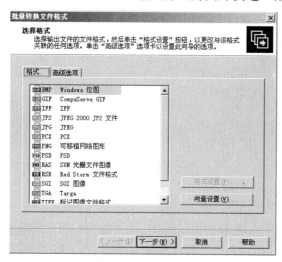

图 6-5　【批量转换文件格式】对话框

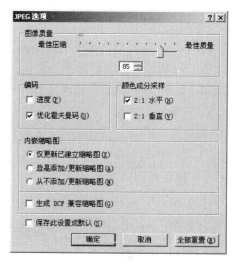

图 6-6　批量压缩数码照片

6.2.4　图像处理软件 Photoshop

Photoshop 是 Adobe 公司旗下最为出名的图像处理软件之一，如今已发展成为图像处理软件的标准。Photoshop 工作界面如图 6-7 所示。

从功能上看，Photoshop 主要分为图像编辑、图像合成、校色调色及特效制作 4 个部分。

☑　图像编辑是图像处理的基础，可以对图像进行各种变换（如放大、缩小、旋转、倾斜、镜像、透视等），也可进行复制、去除斑点、修补以及修饰图像的残损等。这在婚纱摄影、人像处理中用处极大，通过一系列的美化加工，可以得到令人满意的效果。

☑　图像合成则是将几幅图像通过图层操作和工具应用合成为一幅完整的、能传达明确意义的图像。利用 Photoshop 提供的绘图工具可以让外来图像与创意很好地融合，使图像的合成天衣无缝。

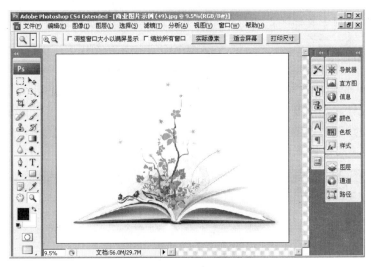

图 6-7　Photoshop 工作界面

☑ 校色调色是 Photoshop 中最具威力的功能之一，可方便、快捷地对图像的颜色进行明暗、色调的调整和校正，也可在不同颜色之间进行切换以满足图像在不同领域（如网页设计、印刷、多媒体等）的应用需求。

☑ 特效制作在 Photoshop 中主要由滤镜、通道及工具综合应用完成。其中包括图像的特效创意和特效字的制作，如油画、浮雕、石膏画、素描等常用的传统美术技巧都可由 Photoshop 特效完成，而各种特效字的制作更是很多美术设计师热衷于 Photoshop 的原因。

最新推出的 Photoshop CS5 为摄影师、艺术家以及一些高端的设计用户带来了一系列全新的高级功能。

1．自动镜头更正

Adobe 从机身和镜头的构造上着手，实现了镜头的自动更正，主要包括减轻枕形失真、修饰曝光不足的黑色部分以及修复色彩失焦。

2．支持 HDR（高动态范围）调节

从 Photoshop CS4 开始，Adobe 加强了 3D 功能。之前的 Photoshop，其优势主要表现在平面设计上，现在其 3D 功能也同样强大。

3．区域删除

这个功能是自动实现的，用户只需按照规则填充区域即可自然清除区域中的物体。

4．先进的选择工具

Adobe 选择工具作了全新优化，细致到毛发级别。利用快速选择之后的调整边缘工具进行抠图，效果相当强大。

5．操控变形

在一张图上建立网格，然后用"大头针"固定特定的位置（建立关节），在不改变图像

的光影和纹理的情况下其他的点就可以用简单的拖拉移动，实现自由操控画面。

6.2.5 矢量图制作软件 CorelDRAW

CorelDRAW 是由加拿大 Corel 公司开发的一款矢量图形工具软件，为设计师提供了矢量动画、页面设计、网站制作、位图编辑和网页动画等多种功能，广泛应用于商标设计、标志制作、模型绘制、插图描画、排版及分色输出等诸多领域，在用于商业设计和美术设计的 PC 机上几乎都安装了 CorelDRAW。其主界面如图 6-8 所示。

图 6-8　CorelDRAW 主界面

矢量图是根据几何特性绘制的图形，采用点、线、矩形、多边形、圆和弧线等进行描述，通过数学公式计算获得。因为图形是由公式计算获得的，所以矢量图形文件体积一般较小。矢量图最大的优点是不受分辨率的影响，无论放大、缩小或旋转等均不会失真；最大的缺点是难以表现色彩层次丰富的逼真图像效果。

CorelDRAW 是众多矢量图形设计软件中的佼佼者。它提供了一整套的绘图工具，包括圆形、矩形、多边形、方格、螺旋线等，并配合塑形工具，对各种基本图形作出了更多的变化，如圆角矩形、弧、扇形和星形等。同时，它还提供了特殊笔刷（如压力笔、书写笔和喷洒器等），以便充分地利用计算机处理信息量大、随机控制能力高的特点。

为满足设计需要，CorelDraw 提供了一整套的图形精确定位和变形控制方案。这给商标、标志等需要准确尺寸的设计带来了极大的便利。

颜色是美术设计的视觉传达重点，CorelDraw 的实色填充提供了各种模式的调色方案以及专色的应用、渐变、位图、底纹的填充，颜色变化与操作方式更是其他软件所不能企及的，其颜色匹配管理方案让显示、打印和印刷达到了颜色的一致。

CorelDraw 的文字处理与图像的输出/输入构成了排版功能。它支持大部分图像格式的输入与输出，几乎与其他软件可畅通无阻地交换共享文件。因此，大部分利用 PC 机进行美术设计的用户都是直接在 CorelDraw 中排版，然后进行分色输出。

6.3 音频编辑软件

6.3.1 音频文件格式

1. WAV（Windows Media Audio）

这是微软公司开发的一种声音文件格式，用于保存 Windows 平台的音频信息资源，被 Windows 平台及其应用程序所支持。标准格式的 WAV 文件和 CD 格式一样，也是 44.1kHz 的采样频率，速率 88kbit/s，16 位量化位数，所以声音文件质量和 CD 相差无几，也是目前 PC 机上广为流行的声音文件格式，几乎所有的音频编辑软件都可以识别 WAV 格式。

2. MP3

MP3（MPEG Audio Layer3）就是一种音频压缩技术。利用 MPEG Audio Layer 3 技术，可以将音乐以 1∶10 甚至 1∶12 的压缩率，在音质丢失很小的情况下把文件压缩到更小的程度，而且还非常好地保持了原来的音质。正是因为其体积小、音质高的特点，使得 MP3 格式几乎成为网上音乐的代名词。每分钟 MP3 音乐只有 1MB 左右大小，这样每首歌的大小只有 3～4MB。

3. MIDI

MIDI 允许数字合成器和其他设备交换数据。MID 文件格式由 MIDI 继承而来。MID 文件并不是一段录制好的声音，而是记录声音的信息，然后再告诉声卡如何再现音乐的一组指令。这样一个 MID 文件每存 1 分钟的音乐只用大约 5～10KB。MID 文件主要用于原始乐器作品、流行歌曲的业余表演、游戏音轨以及电子贺卡等。

4. WMA

WMA 是微软力推的一种音频格式，以减少数据流量但保持音质的方法来达到更高的压缩率目的，其压缩率一般可以达到 1∶18，生成的文件大小只有相应 MP3 文件的一半。

6.3.2 录音机

使用 Windows 自带的"录音机"功能可以录制、混合、播放和编辑声音文件（.wav 文件），也可以将一段声音文件混合或插入到另一段声音文件中。

1. 打开"录音机"

单击【开始】按钮，在弹出的菜单中选择【所有程序】→【附件】→【娱乐】→【录音机】命令，打开 Windows 自带的"录音机"程序，如图 6-9 所示。

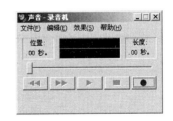

图 6-9 【录音机】主界面

💡 提示：如果没有这一项，可以通过控制面板中的【添加、删除程序】功能来安装该程序。

2．开始录音

单击 ▣ 按钮，即可开始录音。录音长度最多为 60 秒，如果需要录制更长的时间，可以在 60 秒之后再次单击 ▣ 按钮。录制完毕后，单击 ▣ 按钮。单击 ▶ 按钮，即可播放所录制的声音文件。最后，从【文件】菜单中选择相应的命令保存录制的声音文件。

"录音机"通过麦克风和已安装的声卡来记录声音，所录制的声音以波形（.wav）文件的形式保存。

3．调整声音文件的质量

选择【文件】→【属性】命令，在弹出的对话框中可对录音文件的格式进行设置。先在【格式转换】下拉列表框中选择【录音格式】，再单击【立即转换】按钮，在弹出对话框的【名称】下拉列表框中选择【CD 音质】选项。为了避免将 WAV 格式压缩转换为 MP3，应尽量选择 16 位声音格式。

"录音机"不能编辑压缩的声音文件，要更改压缩声音文件的格式，可以将其改变为可编辑的未压缩文件。

4．混合声音文件

混合声音文件就是将多个声音文件混合到一个声音文件中。利用"录音机"可进行声音文件的混合，操作步骤如下。

（1）打开"录音机"窗口，选择【文件】→【打开】命令，在弹出的对话框中双击要混入声音的文件。

（2）将滑块移动到文件中需要混入声音的地方。

（3）选择【编辑】→【与文件混音】命令，打开【混入文件】对话框，双击要混入的声音文件即可，如图 6-10 所示。

图 6-10 【混入文件】对话框

5．插入声音文件

若想将某个声音文件插入到现有的声音文件中，而又不想让其与原有声音混合，可使用【插入文件】命令。

插入声音文件的具体步骤如下：

（1）选择【文件】→【打开】命令，在弹出的对话框中双击要插入声音的声音文件。

（2）将滑块移动到文件中需要插入声音的地方。

（3）选择【编辑】→【插入文件】命令，打开【插入文件】对话框，双击要插入的声音文件即可。

6．为声音文件添加回音

为声音文件添加回音的具体步骤如下：

（1）选择【文件】→【打开】命令，打开要添加回音效果的声音文件。

（2）选择【效果】→【添加回音】命令，即可为该声音文件添加回音效果。

6.3.3　Cool Edit Pro

1．软件功能及界面简介

Cool Edit Pro 是一款多轨音频编辑软件，最多支持 128 个音轨，可高质量地完成录音、编辑和合成等多种任务。

打开 Cool Edit Pro 软件，其界面如图 6-11 所示。

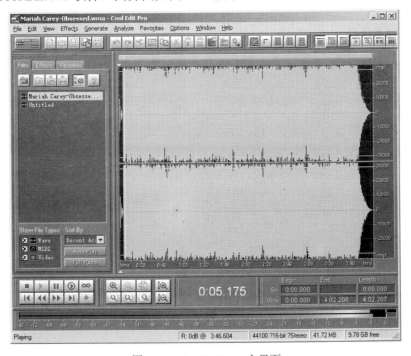

图 6-11　Cool Edit Pro 主界面

2．录音过程

打开 Cool Edit Pro 软件，在音轨 2 处单击鼠标右键，在弹出的快捷菜单中选择【插入】→【音频文件】命令，在弹出的对话框中选择所需的伴奏音乐，一段伴奏音乐即被插入到音轨 2 中。有了伴奏音乐，接下来录制人声。在音轨 1 处单击 R 按钮，在软件左下角的播放控制区中单击红色的录音按钮，然后对着话筒出声，人的声音即被录制到音轨 1 中。

3．后期效果处理

（1）降噪

录音时，周围的环境或话筒等都会产生一些噪音，因此录音后的第一步就是降噪。双击音轨 1 中的人声进入单轨模式，在菜单栏中选择【效果】→【噪音消除】→【降噪器】命令来进行降噪处理。选择噪音级别，一般不要高于 80，级别过高会使人声失真。对于歌曲头尾处没有人声的地方可能产生的噪音，可以选中该段波形后单击鼠标右键，在弹出的快捷菜单中选择【静音】命令。

（2）高音激励

为了调节所录人声的高音和低音部分，使声音显得更加清晰、明亮或是厚重，需要对人声进行高音激励处理。在安装 BBE 插件后，在菜单栏中选择【效果】→DirectX 命令，在打开的对话框右侧会出现 BBESonicMaximizer 选项，进行相应设置即可。

（3）混响

混响处理可使声音变得更圆润。在安装 Ultrafunk 插件后，在菜单栏中选择【效果】→DirectX→Ultrafunkfx→Reverb R3 命令，即可进行混响处理。

4．混缩合成

完成了对人声的效果处理后，可以将人声与伴奏合成并输出成一个文件。切换至多轨模式，音轨 1 处为人声，音轨 2 处为伴奏音乐，单击音轨 3 处，选择【混缩为音轨】→【全部波形】命令即可。

5．特殊音效

除了以上几种声音处理效果，Cool Edit 还提供了其他多种效果，并有丰富的效果插件可供选择，可以制作各种特殊音效。不仅可以在保持音调不变的情况下加快或减慢速度，并且可以设置变化速度的渐慢与渐快，还可以在保持速度不变的情况下升高或降低音调。

6.4　视频编辑软件

6.4.1　视频文件格式

视频格式分为影像格式（Video Format）和流格式（Stream Video Format）两种，下面分别进行介绍。

1．影像格式

常见的影像格式有以下几种。

（1）AVI 格式

在 Win 3.1 时代，AVI 格式就已经面世了。其最大的优点就是兼容性好、调用方便，而且图像质量好；缺点是体积大。与同样大小的 MPEG-2 格式的文件不同比，AVI 格式的视频质量要差得多，但由于其制作起来对计算机的配置要求不高，所以可以先录制 AVI 格式的视频，再转换为其他格式。

（2）MPEG 格式

MPEG 是最普遍的一种视频格式。从它衍生出来的格式尤其多，以 MPG、MPE、MPA、M15、M1V、MP2 等为后缀名的视频文件都是出自这一家族。MPEG 格式包括 MPEG 视频、MPEG 音频和 MPEG 系统（视频、音频同步）3 个部分。例如，MP3（MPEG-3）音频文件就是 MPEG 音频的一个典型应用；视频方面则包括 MPEG-1、MPEG-2 和 MPEG4。

MPEG-1 和 MPEG-2 可分别被制作成 VCD 和 DVD。制作时，由于针对的播放制式不同，各自有其特别的分辨率标准。VCD 使用 NTSC 格式时，其 MPEG-1 压缩图像分辨率为352×240；而使用 PAL 格式时，则是 352×288，DVD 使用 NTSC 格式时，MPEG-2 压缩图像分辨率为 720×480；使用 PAL 格式时，则是 720×576。

（3）WMV 格式（Windows Meida Video）

WMV 的主要优点包括本地或网络回放、可扩充的媒体类型、部件下载、可伸缩的媒体类型、流的优先化、多语言支持、环境独立性、丰富的流间关系以及扩展性等。该格式提供了比 MP3 音乐文件更大的压缩比。

2. 流格式

流式文件也是经过特殊编码的，但是其目的和压缩文件不同，重新编排数据位是为了适合在网络上边下载边播放。

（1）RM/RA 格式

RM/RA 文件可以实现即时播放，即先从服务器上下载一部分视频文件，形成视频流缓冲区后实时播放，同时继续下载，为接下来的播放做好准备。这种"边传边播"的方法避免了用户必须等待整个文件从 Internet 上全部下载完毕才能观看的缺点，因而特别适合在线观看影视。RM 格式主要用于在低速率的网上实时传输压缩的视频，同样具有体积小而又比较清晰的特点。RM 文件的大小完全取决于制作时选择的压缩率。

（2）ASF 格式（Advanced Streaming Format）

以*.asf 和*.wmv 为后缀名的视频文件，主要是针对 RM 而设计，也是 Windows Media 的核心。RM 与 ASF 的共同特点是采用 MPEG-4 压缩算法。与绝大多数的视频格式一样，画面质量同文件尺寸成反比关系。也就是说，画质越好，文件越大；相反，文件越小，画质就越差。

6.4.2　暴风影音

"暴风影音"是一款融合本地播放、在线点播、在线直播、视频分享和视频搜索等多种功能于一体的全能型视频播放软件，能够为用户提供全方位、一站式的视频服务。

1. 软件安装

"暴风影音"的安装非常简单，双击程序安装文件，安装文件开始解压，如图 6-12 所示，待其解压完毕就会打开程序的安装向导，用户根据安装向导的提示可以轻松完成整个安装过程。

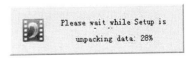

图 6-12　安装文件自解压

2. 软件界面

从"暴风影音 2008"开始，该软件就涵盖了本地播放、在线直播、在线点播等几乎所有的视频播放服务形式。在播放窗口右侧还增加一个影视资讯窗口，提供了大量在线视频供用户点播。"暴风影音"的默认界面如图 6-13 所示。

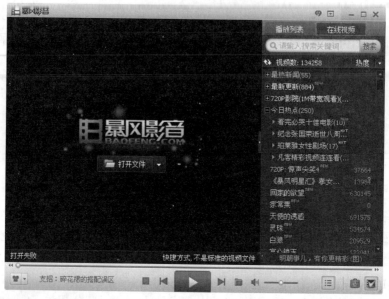

图 6-13　"暴风影音"默认界面

在播放窗口的顶部和底部以及播放列表的下方等位置，还有一些广告。如果对此不感兴趣，可以在选项设置中选中【取消播放时赞助商推荐内容】复选框，如图 6-14 所示，即可避免一些广告的干扰。

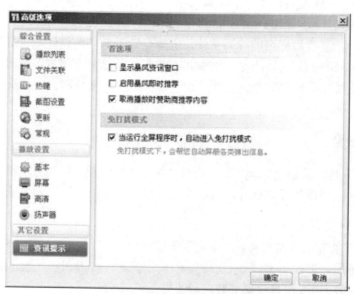

图 6-14　选中【取消播放时赞助商推荐内容】复选框

3．功能简介

默认设置下，"暴风影音"播放列表是隐藏的，用户可以单击播放窗口右侧的小按钮打开或者隐藏播放列表。

"暴风影音"默认设置为是开机自动运行，因此每次开机后，在桌面右下角的托盘区都会出现其图标。可以右击该程序图标，在弹出的快捷菜单中选择所需命令进行相应操作。

在播放视频时，按快捷键 F5，可以轻松、快速地将视频内容截取、保存为图片。

选择某一视频，单击鼠标右键，在弹出的快捷菜单中选择【视频转码】→【截取】命令，可以进行视频格式转换、片段截取、视频压缩等常用视频操作，如图 6-15 所示。

另外，"暴风影音"还提供了播放优化功能。该功能包括硬件优化和软件优化两部分，其中，硬件优化功能在播放高清视频时尤为有用，可以根据系统资源选择最佳滤镜配置以加速高清视频播放，自动调节播放高清视频时的资源占用，以求在画质和流畅度两者间达到平衡；而软件优化对播放在线视频比较有用，可以自动优化和清理网络播放环境，并且可以防止在线播放时病毒或者木马的入侵。

图 6-15　视频功能菜单

6.4.3　格式工厂

"格式工厂"可以对大部分的图片、音频和视频等进行格式转换，并进行简单的编辑，是一款非常方便的多媒体软件。

1．软件简介

"格式工厂"是一款多功能的多媒体格式转换软件，可以将所有类型的视频转换为 MP4、3GP、MPG、AVI、WMV、FLV 和 SWF 等格式，将所有类型的音频转换为 MP3、WMA、AMR、OGG、AAC 和 WAV 等格式，将所有类型的图片转换为 JPG、BMP、PNG、TIF、ICO、GIF 和 TGA 等格式。其主要功能如下：

（1）支持将几乎所有类型的多媒体格式转换为常用的几种格式。

（2）转换过程中可以修复某些损坏的视频文件。

（3）多媒体文件压缩。

（4）支持 iPhone/iPod/PSP 等多媒体指定格式。

（5）转换图片文件，支持缩放、旋转、水印等功能。

（6）DVD 视频抓取功能，备份 DVD 到本地硬盘。

2．软件使用

"格式工厂"的界面非常简洁，如图 6-16 所示。

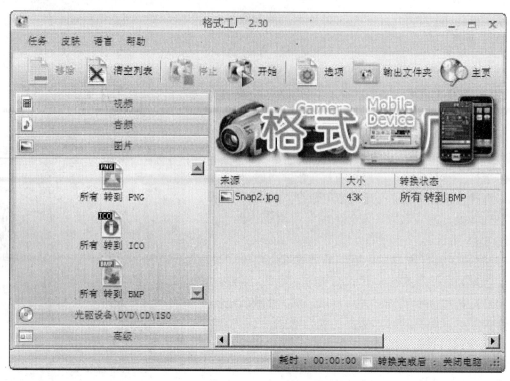

图6-16　"格式工厂"主界面

如要进行视频格式转换，可单击左侧功能列表中的【视频】标签，在其下列出的功能选项中选择要输出的移动设备，然后在其设备类型中设置所要转换的视频尺寸大小，如图6-17所示。

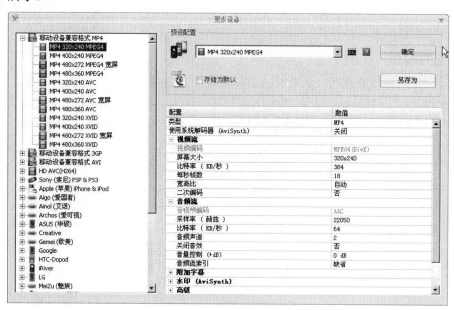

图6-17　选择输出设备

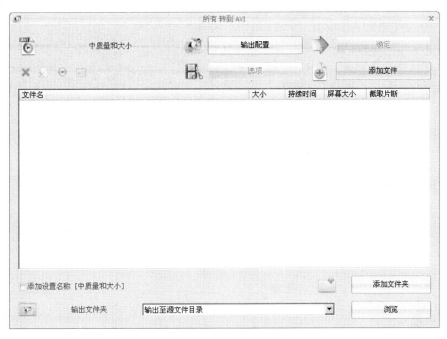

图 6-18　提示对话框

在该对话框中单击【输出配置】按钮，在弹出的对话框中可对视频转换时的一些参数进行设置，如帧数大小、视频编码类型、视频分辨率大小和视频音量等。

在进行了输出配置以后，还可以选中【画面裁剪】复选框，对视频进行相应的裁剪和片段截取，如图 6-19 所示。

图 6-19　画面裁剪和截取片段

除了以上的设置以外，还需对视频转换后的输出目录进行设置。可以选择默认设置，也可以自行设置。最后依次单击【确定】按钮，即可完成视频格式的转换。

该软件还提供了 DVD/CD/ISO 文件转换功能，只要选择好相应的转换格式即可，如图 6-20 所示。

在"格式工厂"的高级选项中，还提供了视频合并、音频合并等功能。在添加了视频文件后，单击【确定】按钮，即可完成视频合成功能。用户同样可以对合并的视频进行参数设置，如帧数大小、视频分辨率和音频编码等。大家可以结合平时的软件操作经验，不断摸索这款软件的各种功能和设置方法，让"格式工厂"更好地为我们服务。

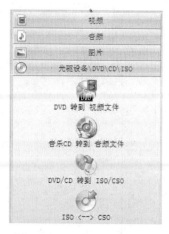

图 6-20　DVD/CD/ISO 转换

6.5　多媒体数据压缩技术

6.5.1　数据压缩技术

由于数字化的多媒体信息数据量特别庞大，数据压缩技术已成为数字通信、广播、存储和多媒体娱乐中的一项关键技术。

数据中常存在一些多余成分，即冗余度。如在一份计算机文件中，某些符号会重复出现、某些符号比其他符号出现得更频繁、某些字符总是在各数据块中可预见的位置上出现等，这些冗余部分便可在数据编码中除去或减少。其次，数据中尤其是相邻的数据之间，常存在着相关性。例如，图片中常常有色彩均匀的背影，电视信号的相邻两帧之间可能只有少量的变化是不同的，声音信号有时具有一定的规律性和周期性等。因此，可以利用某些变换来尽可能地去掉这些相关性。

数字音频压缩技术标准分为电话语音压缩、调幅广播语音压缩和调频广播及 CD 音质的宽带有频压缩 3 种。

视频压缩技术标准主要有如下几种。

☑　ITU H.261 视频压缩标准：用于 ISDN 信道的 PC 电视电话、视频会议和音像邮件等通信终端。

☑　MPEG-1 视频压缩标准：用于 VCD、MPC、PC/TV 一体机、交互电视（ITV）和电视点播（VOD）。

☑　MPEG-2/ITU H.262 视频标准：主要用于数字存储、视频广播和通信，如 HDTV、CATV、DVD、VOD 和电影点播（MOD）等。

☑　ITU H.263 视频压缩标准：用于网上视频、移动终端、可视图文、遥感、电子报纸和交互式计算机成像等。

另外，还有 MPEG-4 和 ITU H.VLC/L 等视频压缩标准。

6.5.2　文件压缩工具 WinRAR

压缩是为了节省存储空间，将一个或多个文件处理成一个压缩文件，同时保证能够恢复文件原样的方法。文件压缩编码有很多不同的方法，不同的压缩编码方法生成不同的文件结构，也就是压缩格式。常见的压缩格式有 ZIP、ARJ、LZH、RAR 和 CAB 等。其中，以 WinRAR 和 WinZip 两种压缩软件使用最为普遍。下面以 WinRAR 压缩软件为例介绍一下压缩软件的使用方法。

WinRAR 是一种高效、快速的文件压缩软件，是当前最流行、最好用的一种压缩工具。它支持鼠标拖放及外壳扩展，完美支持 ZIP 压缩，内置程序可以解开 CAB、ARJ、LZH、TAR、GZ、ACE、UUE、BZ2、JAR 和 ISO 等多种类型的压缩文件；具有估计压缩功能，可以在压缩文件之前得到用 ZIP 和 RAR 两种压缩工具各 3 种压缩方式下的大概压缩率；具有历史记录和收藏夹功能；压缩率相当高，而资源占用相对较少，其固定压缩、多媒体压缩和多卷自释放压缩是大多压缩工具所不具备的；使用非常简单方便，配置选项不多，仅在资源管理器中就可以完成压缩和解压缩工作。

1．快速压缩

快速压缩文件有如下几种方法。

方法一：启动 WinRAR 压缩软件，弹出如图 6-21 所示的窗口。选中要压缩的文件或文件夹（使用左上方的 ▣ 或者地址栏里的下拉按钮可以切换路径），单击【添加】按钮，弹出【压缩文件名和参数】对话框，如图 6-22 所示。选择【常规】选项卡，从中设置【压缩文件名】、【更新方式】、【压缩文件格式】、【压缩方式】、【压缩文件大小，字节】以及【压缩选项】等参数，然后单击【确定】按钮，即可在当前文件夹生成压缩文件。如想改变压缩文件的存储路径，可单击【压缩文件名】右侧的【浏览】按钮，在弹出的对话框中指定存储位置。

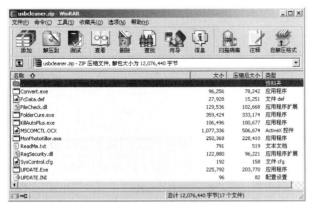

图 6-21　WinRAR 压缩软件的工作界面

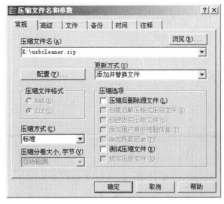

图 6-22　【压缩文件名和参数】对话框

方法二：选中要压缩的文件或文件夹（可以是一个或多个文件和文件夹，通过 Shift 或 Ctrl 键选定），单击鼠标右键，在弹出的快捷菜单中选择【添加到***.rar】命令，系统会自动启动 WinRAR，然后按方法一设置文件压缩参数。

方法三：在 WinRAR 工作界面中，利用【工具】菜单中的向导实现文件压缩。

2．快速解压

启动 WinRAR 压缩软件，在文件区中选中要解压的压缩文件（或直接双击压缩文件启动 WinRAR 压缩软件），单击工具栏上的【释放到】按钮，弹出如图 6-23 所示的对话框，从中设置文件解压后的存放位置、更新方式、覆盖方式和其他选项等，然后单击【确定】按钮即可。

3．WinRAR 的分卷压缩

当需要压缩的文件较大，压缩成一个文件不便于存储时，可以使用分卷压缩功能将其压缩成几个相对较小的文件。压缩主文件名相同，扩展名以 part01、part02、part03 形式命名。其方法是在【压缩文件名和参数】对话框的【压缩分卷大小，字节】下拉列表框中选择每个分卷文件的大小，如图 6-24 所示，单击【确定】按钮，WinRAR 便会按照此设置把要压缩的文件压缩成几个这样大小的文件。每个分卷压缩文件是整个压缩文件的一部分，不能独立使用。解压时，将这些分卷压缩文件放置在同一文件夹中，利用第一个分卷压缩文件（扩展名为 part01 的文件）进行解压释放即可。

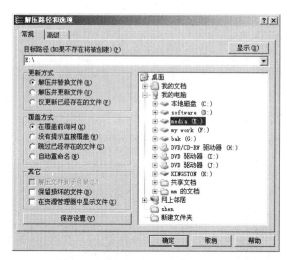

图 6-23　【解压路径和选项】对话框

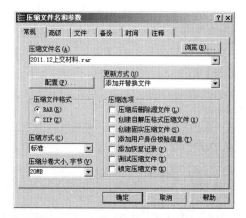

图 6-24　【压缩文件名和参数】对话框

4．文件加密

WinRAR 还提供了带密码压缩功能，其使用方法是在【压缩文件名和参数】对话框中选择【高级】选项卡，单击【设置密码】按钮，弹出如图 6-25 所示【带密码压缩】对话框。在【输入密码】文本框中输入密码，单击【确定】按钮，即可完成密码设置。这样，压缩的文件必须输入正确的密码才能解压或打开。

图 6-25　【带密码压缩】对话框

习 题 六

1. 填空题

（1）图像是由一些排列的像素组成的，在计算机中的存储格式有＿＿＿＿＿、＿＿＿＿＿＿、＿＿＿＿＿＿等，一般数据量比较大。

（2）由于具有体积小、音质高的特点，使得 MP3 格式几乎成为网上音乐的代名词。每分钟 MP3 音乐只有＿＿＿＿＿＿左右大小，这样每首歌的大小只有＿＿＿＿＿＿。

（3）视频格式一般分为＿＿＿＿＿＿和＿＿＿＿＿＿两大类。

（4）＿＿＿＿＿＿也是经过特殊编码的，但是其目的和压缩文件不同，重新编排数据位是为了适合在＿＿＿＿＿＿。

（5）文件压缩编码有很多不同的方法，不同的压缩编码方法生成不同的文件结构，也就是压缩格式。常见的压缩格式有＿＿＿＿＿＿、＿＿＿＿＿＿、＿＿＿＿＿＿、＿＿＿＿＿＿、CAB 等。

2. 选择题

（1）下列哪个是 Photoshop 图像最基本的组成单元？＿＿＿＿＿＿

    A．节点   B．色彩   C．路径   D．像素

（2）利用仿制图章工具操作时，首先要按＿＿＿＿＿＿键进行取样。

    A．Ctrl   B．Alt   C．Shift   D．Tab

（3）下列哪个不是矢量图的特点？＿＿＿＿＿＿

    A．通过数学公式计算获得

    B．不受分辨率的影响

    C．难以表现色彩层次丰富的逼真图像效果

    D．放大会失真

（4）WinRAR 具有很多功能，下列哪项是它不具有的功能？＿＿＿＿＿＿

    A．快速解压   B．快速压缩   C．文件加密   D．数据处理

（5）下列文件格式中，哪个不是视频文件格式？＿＿＿＿＿＿

    A．AVI 格式   B．MPEG 格式   C．ISO 格式   D．ASF 格式

3. 简答题

（1）利用看图软件 ACDSee 实现批量图片（10 张以上）的压缩，并对比压缩前后的体积大小，看看图片的效果是否有变化？

（2）试着用 Photoshop 进行抠图操作。

（3）用"录音机"录制一段声音，并加上简单特效。

（4）用"格式工厂"将两段视频转换为 AVI 格式，并将两段视频中的精彩部分分别截取下来，然后合并成一段。

（5）用 WinRAR 压缩一个文件夹，并为该压缩文件加密。

第 7 章　数据库技术基础

所谓数据库，就是按照数据结构来组织、存储和管理数据的"仓库"。在经济管理的日常工作中，常常需要把某些相关的数据放进这样的"仓库"，并根据管理的需要进行相应的处理。例如，企业或事业单位的人事部门常常要把本单位职工的基本情况（职工号、姓名、年龄、性别、籍贯和工资等）存放在表中，这张表就可以看成是一个数据库。有了这个"数据仓库"，管理人员就可以根据需要随时查询某职工的基本情况，也可以查询工资在某个范围内的职工人数等。这些工作如果都能在计算机上自动进行，那么人事管理的工作效率无疑将大大提高。此外，在财务管理、仓库管理、生产管理中也需要建立众多的这种"数据库"，使其可以利用计算机实现财务、仓库、生产的自动化管理。

7.1　数据库系统概述

随着计算机技术的快速发展、计算机应用的不断深入与拓展，数据库在其中所扮演的角色日益重要，尤其是在商业、事务处理等方面已占据了主导地位。随着网络应用的普及，它在网络方面的应用也日渐重要。因此，数据库已成为构成一个计算机应用系统的重要的支持性软件。

7.1.1　数据、数据库与数据库管理系统

1. 数据

数据（Data）是数据库中存储的基本对象，是描述事物的符号记录。它有多种形式，可以是数字，也可以是文字、图形、图像、声音和语言等，都可以经过数字化后存入计算机。

数据库中的数据是从全局观点出发建立的，它们按照一定的数据模型进行组织、描述和存储。其结构基于数据间的自然联系，从而可提供一切必要的存取路径，且数据不再针对某一应用，而是面向全组织，具有整体的结构化特征。数据库中的数据是为众多用户共享其信息而建立的，已经摆脱了具体程序的限制和制约。不同的用户可以按照各自的用途使用数据库中的数据；多个用户可以同时共享数据库中的数据资源，即不同的用户可以同时存取数据库中的同一个数据。数据共享性不仅满足了各用户对信息内容的要求，同时也满足了各用户之间信息通信的要求。

2. 数据库

数据库（DataBase，DB）是指长期储存在计算机内的、有组织的、可共享的数据集合。数据库中的数据按照一定的数据模型组织、描述和储存，具有较小冗余度、较高的数据独立性和易扩展性，并可供各种用户共享。

3．数据库管理系统

数据库管理系统（DataBase Management System，DBMS）是位于用户与操作系统之间的一层数据管理软件，它是一种系统软件，负责数据库中的数据组织、数据操纵，以及数据维护、控制、保护和数据服务等。

数据库管理系统是数据库系统的核心，其主要功能如下。

（1）数据定义功能

数据库管理系统提供了数据定义语言（Data Definition Language，DDL），用户通过它可以方便地对数据库中的数据对象进行定义。

（2）数据操纵功能

为了使用户方便地使用数据库中的数据，数据库管理系统还提供了数据操纵语言（Data Manipulation Language，DML）。用户可以使用 DML 操纵数据，实现对数据库的基本操作，如查询、插入、删除和修改等。

（3）数据库的运行管理

数据库在建立、运行和维护时由数据库管理系统统一管理、统一控制，以保证数据的完整性、安全性、多用户对数据的并发使用以及发生故障后的系统恢复。

（4）数据库的建立和维护功能

包括数据库初始数据的输入、转换功能，数据库的存储、恢复功能，数据库的重组织功能和性能监视、分析功能等，这些功能通常由一些实用程序完成。

4．数据库系统

数据库系统（DataBase System，DBS）是指在计算机中引入数据库后的系统，一般由数据库、数据库管理系统、应用系统、数据库管理员和用户构成。应当指出的是，数据库的建立、使用和维护等工作只靠数据库管理系统是远远不够的，还需要有专门的人员来完成，这些人被称为数据库管理员（DataBase Administrator，DBA）。

7.1.2 数据库技术的产生和发展

数据管理技术是应数据管理任务的需要而产生的。在数据管理应用需求的推动下，在计算机硬件、软件发展的基础上，数据管理技术经历了 4 个阶段，即人工管理阶段（20 世纪 50 年代中期以前）、文件系统阶段（50 年代后期到 60 年代中期）、数据库系统阶段（60 年代后期到 80 年代初）、高级数据库系统阶段（80 年代以来）。

1．人工管理阶段

20 世纪 50 年代中期之前，计算机的软、硬件均不完善，硬件存储设备只有磁带、卡片和纸带，软件方面还没有操作系统，当时的计算机主要用于科学计算。这个阶段由于还没有软件系统对数据进行管理，程序员在程序中不仅要规定数据的逻辑结构，还要设计其物理结构，包括存储结构、存取方法、输入/输出方式等。当数据的物理组织或存储设备改变时，用户程序就必须重新编制。由于数据的组织面向应用，不同的计算程序之间不能共享数据，使得不同的应用之间存在大量的重复数据，很难维护应用程序之间数据的一致性。

这一阶段的主要特征可归纳为如下几点：

（1）数据不保存在计算机内。

（2）计算机中没有支持数据管理的软件。

（3）数据组织面向应用，数据不能共享，大量数据重复。

（4）在程序中要规定数据的逻辑结构和物理结构，数据与程序不独立。

（5）数据处理方式主要采用批处理。

2. 文件系统阶段

这一阶段的主要标志是计算机中有了专门管理数据库的软件——操作系统。

20世纪50年代中期到60年代中期，由于计算机大容量存储设备（如硬盘）的出现，推动了软件技术的发展，而操作系统的出现标志着数据管理步入一个新的阶段。在文件系统阶段，数据以文件为单位存储在外存，且由操作系统统一管理。操作系统为用户使用文件提供了友好的界面。文件的逻辑结构与物理结构脱钩、程序和数据分离，使数据与程序有了一定的独立性。用户的程序与数据可分别存放在外存储器上，各个应用程序可以共享一组数据，实现了以文件为单位的数据共享。

但由于数据的组织仍然是面向程序，所以存在大量的数据冗余。而且数据的逻辑结构不能方便地修改和扩充，数据逻辑结构的每一点微小改变都会影响到应用程序。由于文件之间互相独立，因而它们不能反映现实世界中事物之间的联系，操作系统不负责维护文件之间的联系信息。如果文件之间有内容上的联系，那也只能由应用程序去处理。

3. 数据库系统阶段

60年代后，随着计算机在数据管理领域的普遍应用，人们对数据管理技术提出了更高的要求——希望面向企业或部门，以数据为中心组织数据，减少数据的冗余，提供更高的数据共享能力，同时要求程序和数据具有较高的独立性，当数据的逻辑结构改变时，不涉及数据的物理结构，也不影响应用程序，以降低应用程序研制与维护的费用。数据库技术正是在这样一个应用需求的基础上发展起来的。

数据库技术具有如下特点：

（1）面向企业或部门，以数据为中心组织数据，形成综合性的数据库，供各应用共享。

（2）采用一定的数据模型。数据模型不仅要描述数据本身的特点，而且要描述数据之间的联系。

（3）数据冗余小，易修改、易扩充。不同的应用程序根据处理要求，从数据库中获取需要的数据，这样就减少了数据的重复存储，也便于增加新的数据结构，维护数据的一致性。

（4）程序和数据有较高的独立性。

（5）具有良好的用户接口，用户可方便地开发和使用数据库。

（6）对数据进行统一管理和控制，提供了数据的安全性、完整性以及并发控制。

从文件系统发展到数据库系统，这在信息领域中具有里程碑的意义。在文件系统阶段，人们在信息处理中关注的中心问题是系统功能的设计，因此程序设计占主导地位；而在数据库系统阶段，数据开始占据了中心位置，数据的结构设计成为信息系统首先关心的问题，而应用程序则以既定的数据结构为基础进行设计。

4．高级数据库系统阶段

这一阶段的主要标志是分布式数据库系统和面向对象数据库系统的出现。

（1）分布式数据库系统

这一阶段以前的数据库系统是集中式的。集中式数据库系统改善了文件系统阶段的数据分散在各文件中，文件之间缺乏联系的缺点，它将数据集中在一个数据库中进行集中管理，减少了数据冗余和不一致性，而且数据联系也比文件系统强得多。但集中式系统也有缺点：随着数据量增加，系统相当庞大，操作复杂，开销大；数据集中存储，大量的通信都要通过主机，造成拥挤。随着计算机的普及以及计算机网络和远程通信的发展，产生了分布式数据库系统。

分布式数据库系统兼顾了集中管理和分布处理两个方面，其特点是数据库分布在各地，大多数处理都由网络上各点的局部处理机进行，处理不了才借助于其他处理机处理，这样可以缩短响应时间，均衡分散负荷，而且偶然性的故障对全局的影响较小；各地的计算机由数据通信网络相联系，本地计算机单独不能胜任处理任务时可以通过网络取得其他数据库和计算机的支持，因此各局部处理系统不必为了功能的完备而过于庞大，有较大的灵活性，可选用较小的针对性强的计算机系统，经济上比较合算。

（2）面向对象数据库系统

在现实世界中存在着许多具有更复杂数据结构的应用领域，用已有的层次、网状、关系 3 种数据模型难以处理，例如多媒体数据、多维表格的数据、图形数据等应用问题，需要更高级的数据库系统来表达，以便于管理、构造和维护大容量的持久数据，并使它们能与大型复杂程序紧密结合。面向对象数据库系统正是适应这种形势发展起来的，其主要特点是面向对象数据模型能完整地描述现实世界的数据结构，能表达数据间嵌套、递归的联系；具有面向对象技术的封装性（把数据与操作定义在一起）和继承性（继承数据结构和操作）的特点，提高了软件的重用性。

5．未来发展的趋势

随着信息管理内容的不断扩展，出现了丰富多样的数据模型（层次模型、网状模型、关系模型、面向对象模型和半结构化模型等），新技术也层出不穷（数据流、Web 数据管理、数据挖掘等）。目前每隔几年，国际上一些资深的数据库专家就会聚集一堂，共同探讨数据库研究现状、存在的问题和未来需要关注的新技术焦点。

7.1.3　数据库系统的特点

数据库系统是在文件系统基础上产生的，两者都是以数据文件的形式组织数据，但由于数据库系统在文件系统的基础上加入了数据库管理系统对数据进行管理，从而使数据库系统具有如下特点。

1．实现数据共享

数据共享包括所有用户可同时存取数据库中的数据，也包括用户可以用各种方式通过接口使用数据库，并提供数据共享。

2．减少数据的冗余度

同文件系统相比，由于数据库实现了数据共享，从而避免了用户各自建立应用文件，减少了大量重复数据，减少了数据冗余，维护了数据的一致性。

3．数据的独立性

数据的独立性包括数据库的逻辑结构和应用程序相互独立，也包括数据物理结构的变化不影响数据的逻辑结构。

4．数据实现集中控制

文件管理方式中，数据处于一种分散的状态，不同的用户或同一用户在不同处理中其文件之间毫无关系。利用数据库可实现对数据进行集中控制和管理，并通过数据模型表示各种数据的组织以及数据间的联系。

5．数据一致性和可维护性

数据一致性和可维护性用以确保数据的安全性和可靠性。其中主要包括如下几个方面。

- ☑ 安全性控制：防止数据丢失、错误更新和越权使用。
- ☑ 完整性控制：保证数据的正确性、有效性和相容性。
- ☑ 并发控制：在同一时间周期内，允许对数据实现多路存取，也能防止用户之间的不正常交互。
- ☑ 故障的发现和恢复：由数据库管理系统提供一套方法，可及时发现和修复故障，从而防止数据被破坏。

7.1.4　数据库的组成

在本章一开始介绍了数据库系统一般由数据库、数据库管理系统、应用系统、数据库管理员和用户组成。下面分别介绍这几个部分。

1．硬件平台及数据库

硬件主要指计算机，一般要求有足够的内存，存放操作系统、数据库管理系统核心模块、数据缓冲区和应用程序，还要有足够大的磁盘等直接存取设备存放数据库，有足够的磁盘或软盘等外部存储设备用于数据备份。

通常由基于微机的服务器、工作站以及中小型机甚至大型机来充当数据库服务器。

2．软件

数据库系统中的软件主要包括数据库管理系统、支持数据库管理系统运行的操作系统和多种主语言和应用开发支持软件等。

数据库管理系统是为数据库的建立、使用和维护配置的软件，是数据库系统的核心软件。

为了开发应用系统，需要多种主语言，如 Cobol、C 等，均属于第三代语言范畴。有些是属于面向对象的程序设计语言，如 Visual C++、Java 等。

应用开发支持软件是为应用开发人员提供的高效率、多功能的交互式程序设计系统，一般属第四代语言范畴，包括报表生成器、表格系统、图形系统、具有数据库访问和表格输入/输出功能的软件、数据字典系统等。

下面主要对数据库管理系统进行较详细的介绍。

（1）数据库管理系统的工作方式

数据库管理系统是数据库系统中对数据库进行管理的软件，对数据库的一切操作，包括数据定义、查询、更新以及各种控制，都通过数据库管理系统进行。

数据库管理系统的工作流程如下：

①接收应用程序的数据请求和处理请求。

②将用户的数据请求转换成机器代码。

③实现对数据库的操作，如查询等。

④从对数据库的操作中接收查询结果。

⑤对查询结果进行处理，即格式转换等。

⑥将处理结果返回给用户。

图 7-1 是用户访问数据库的一个示意图，反映了数据库管理系统在数据库系统中的核心作用。数据库管理系统的主要目标是使数据成为一种可管理的资源来处理。

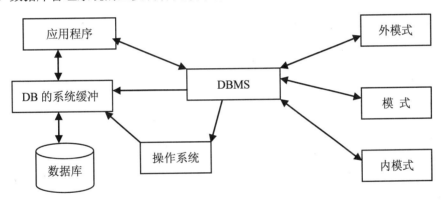

图 7-1 用户访问数据的过程

（2）数据库管理系统的主要功能

①数据定义

数据库管理系统提供了数据定义语句 DDL 用于定义数据库的三级结构、两级映像以及数据的完整性、保密限制等约束，故在数据库管理系统中应包括 DDL 的编译程序。

②数据的操作

数据库管理系统提供了数据操纵语言 DML 来实现对数据的操作，主要有检索（查询）和更新（包括插入、删除和修改等）两类，故在数据库管理系统中也应包括 DML 的编译程序或解释程序。

③数据库的保护

数据库管理系统通过数据库的恢复、数据库的并发控制、数据的完整性控制和数据的安全性控制 4 个方面实现对数据库的保护。

④数据库的维护

数据库的维护包括数据库数据的载入、转换存储、数据库的改组以及性能监控等功能，这些分别由各个实用程序来完成。

⑤数据字典

数据库系统中存放二级结构定义的数据库称为数据字典。只有通过数据字典才能实现对数据库的操作。数据字典中还存放着数据库运行时的统计信息，如记录个数、访问次数等。管理数据字典的子系统，称为数据字典系统。

3. 数据库用户

根据与系统交互方式的不同，数据库用户可分为 4 类。

（1）数据库管理员（DBA）

数据库的系统管理员是一个非常重要的角色，数据库系统的效率和正常运行，很大程度上依赖于系统管理员所做的工作。系统管理员可以是一个或多个人，具有比较高的权限，全面管理、监督和配置数据库系统。具体的工作有：参与决定数据库中的信息内容和结构、参与确定数据库存储结构和存取策略、定义数据的安全性要求和完整性约束、监控数据库的使用和运行以及数据库的结构重组和性能改进。

（2）专业用户

专业用户是指系统分析员等，他们使用专用的数据库查询语言操作数据。专业用户和数据库管理系统之间的界面是数据库查询。

（3）应用程序员

应用程序员是指使用主语言和 DML 语言编写应用程序的程序员。他们与数据库管理系统之间的界面是应用程序。

（4）终端用户

终端用户是指使用应用程序的业务人员，他们使用终端来处理各种具体业务。他们和数据库管理系统之间的界面是应用程序的运行界面。

7.1.5　常用数据库系统及其开发工具

1. IBM 的 DB2

作为关系数据库领域的开拓者和领航人，IBM 在 1977 年完成了 System R 系统原型的开发，1980 年开始提供集成的数据库服务器——System/38，随后是 SQL/DS for VSE 和 VM（其初始版本与 System R 研究原型密切相关）。DB2 for MVSV1 在 1983 年推出，其目标是提供这一新方案所承诺的简单性、数据不相关性和用户生产率。1988 年推出的 DB2 for MVS 提供了强大的在线事务处理（OLTP）支持；1989 年和 1993 年分别以远程工作单元和分布式工作单元实现了分布式数据库支持。最近推出的 DB2 Universal Database 6.1 则是通用数据库的典范，是第一个具备网络功能的多媒体关系数据库管理系统，支持包括 Linux 在内的一系列平台。

2. Oracle

Oracle 的前身叫 SDL，由 Larry Ellison 和另两个编程人员在 1977 年创办。他们开发了自己的拳头产品，在市场上大量销售。1979 年，Oracle 公司引入了第一个商用 SQL 关系数据库管理系统。Oracle 公司是最早开发关系数据库的厂商之一，其产品支持最广泛的操作系统平台。目前，Oracle 关系数据库产品的市场占有率名列前茅。

3. Sybase

Sybase 公司成立于 1984 年，公司名称 Sybase 取自 System 和 Database 的组合。Sybase 公司的创始人之一 Bob Epstein 是 Ingres 大学版（与 System/R 同时期的关系数据库模型产品）的主要设计人员。该公司的第一个关系数据库产品是 1987 年 5 月推出的 Sybase SQL Server 1.0。Sybase 首先提出 Client/Server 数据库体系结构的思想，并率先在 Sybase SQL Server 中实现。

4. SQL Server

1987 年，微软和 IBM 合作完成 OS/2 的开发。IBM 在其销售的 OS/2 Extended Edition 系统中绑定了 OS/2 Database Manager，而微软产品线中尚缺少数据库产品。为此，微软将目光投向 Sybase，同 Sybase 签订了合作协议，使用 Sybase 的技术开发基于 OS/2 平台的关系型数据库。1989 年，微软发布了 SQL Server 1.0 版。

5. Access

Access 是美国 Microsoft 公司于 1994 年推出的微机数据库管理系统。它具有界面友好、易学易用、开发简单、接口灵活等特点，是典型的新一代桌面数据库管理系统。其主要特点如下：

（1）完善地管理各种数据库对象，具有强大的数据组织、用户管理、安全检查等功能。

（2）强大的数据处理功能。在一个工作组级别的网络环境中，使用 Access 开发的多用户数据库管理系统具有传统的 xBASE（dBASE、FoxBASE 的统称）数据库系统所无法实现的客户端/服务器（C/S）结构和相应的数据库安全机制。此外，Access 具备了许多先进的大型数据库管理系统所具备的特征，如事务处理/出错回滚能力等。

（3）可以方便地生成各种数据对象，利用存储的数据建立窗体和报表，可视性好。

（4）作为 Office 套件的一部分，可以与 Office 集成，实现无缝链接。

（5）能够利用 Web 检索和发布数据，实现与 Internet 的连接。 Access 主要适用于中小型应用系统，或作为客户端/服务器系统中的客户端数据库。

6. FoxPro 数据库

最初由美国 Fox 公司于 1988 年推出；1992 年 Fox 公司被 Microsoft 公司收购后，相继推出了 FoxPro 2.5、FoxPro2.6 和 Visual FoxPro 等版本，其功能和性能有了较大的提高。FoxPro 2.5、FoxPro2.6 分为 DOS 和 Windows 两种版本，分别运行于 DOS 和 Windows 环境下。FoxPro 比 FoxBASE 在功能和性能上又有了很大的改进，主要是引入了窗口、按钮、列表框和文本框等控件，进一步提高了系统的开发能力。

7.2 数 据 模 型

7.2.1 数据模型的基本概念

第一类概念模型是一种独立于计算机的数据模型，它不涉及信息在计算机中的表示，只是用来描述某个特定组织所关心的信息结构，它用于建立信息世界的数据模型，强调其语义表达能力，是现实世界的第一层抽象，是用户与数据库设计人员之间进行交流的一种工具。这一类模型中最著名的是"实体—联系模型"。

第二类中的逻辑模型直接面向数据库的逻辑结构，是对现实世界的第二层抽象。逻辑模型直接与 DBMS 有关，有严格的形式化定义，便于在计算机系统中实现。此类模型通常有一组严格定义的无二义性语法和语义的数据库语言，人们可以用这种语言来定义、操纵数据库中的数据。这一类数据模型有层次模型、网状模型、关系模型和面向对象模型等。

第二类中的物理模型是对数据最低层的抽象，它描述数据在系统内部的表示方式和存取方法，在磁盘或者磁带上的存储方式和存取方法，是面向计算机系统的。物理模型的具体实现是 DBMS 的任务，数据库设计人员要了解和选择物理模型，一般用户则不必考虑物理级的细节。

数据模型是严格定义的概念的集合。数据库的数据模型应包含数据结构、数据操作和完整性约束 3 个部分，各部分的功能如下。

（1）数据结构是对实体类型和实体间联系的表达和实现。

（2）数据操作主要对数据库进行检索和更新（包括插入、删除和修改等）。

（3）数据完整性约束给出数据及其联系所具有的制约和依赖规则。这些规则用于限定相容的数据库状态的集合和可允许的状态改变，以保证数据库中数据的正确性、有效性和安全性。"

对于数据模型而言，应该能够比较真实地模拟现实世界，容易被人们所理解，并便于在计算机上实现。但是一种数据模型要能够很好地满足以上要求实在很难，因此在数据库系统中，针对不同的使用对象和应用目的，应该采用不同的数据模型。

7.2.2 基本数据模型

1. E-R 模型

实体—联系模型（Entity-Relationship Model，简称为 E-R 模型）是 P.P.S.Chen 于 1976 年提出的。这个模型直接从现实世界中抽象出实体类型和实体间联系，然后用实体—联系图（E-R 图）表示数据模型。

E-R 图提供了表示实体类型、联系类型和属性的方法，如图 7-2 所示。

☑ 实体类型：用矩形表示，矩形框内写明实

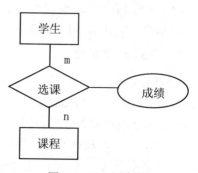

图 7-2　E-R 图实例

体名。

☑ 联系类型：用菱形表示，菱形框内写明联系名，并用无向边分别与有关实体连接起来，同时在无向边旁标明联系的类型（1∶1、1∶n 或 m∶n）

☑ 属性：用椭圆形表示，并用无向边将其与相应的实体连接起来。

E-R 图是抽象和描述现实世界的有力工具，它所表示的概念模型是各种数据模型的共同基础，因而比数据模型更一般、更抽象、更接近现实世界。

2．层次模型

层次模型是数据库系统中最早出现的数据模型，它按照层次结构的形式组织数据库数据。由 IBM 公司开发的 IMS（Information Management System）是其典型代表。

层次模型是以记录类型为节点的树形结构，记录类型之间只有基本的层次关系（其中上层节点叫做父节点，下层节点叫做子节点），有且仅有一个节点没有父节点，这个节点称为根节点，根以外的其他节点有且仅有一个父节点，下层记录是上层记录中某元素的细化，如图 7-3 所示。

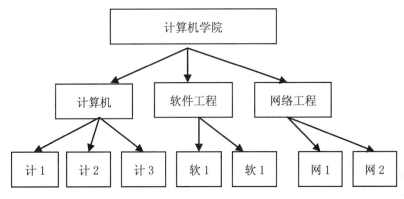

图 7-3 层次模型实例

层次模型的数据操作主要包括查询和更新（包括插入、删除和修改）两大类。但在进行更新操作时需要满足一定的完整性约束条件：如果没有相应的父节点值就不能插入子节点值。如果要删除父节点值，则相应的子节点值也被同时删除。如果要修改某记录，则应修改所有相应记录，以保证数据的一致性。

层次模型的优点是数据模型简单，便于在计算机内实现，记录之间的联系通过指针来实现，查询效率较高。其缺点是不能很好地表达现实实体间复杂的多对多联系，对插入和删除操作的限制较多；查询子节点必须通过父节点，效率较低。

3．网状模型

在现实世界中事物之间的联系更多的是非层次关系，如果用层次模型表示非树形结构就不合适了。网状模型可以克服这一缺点，其典型代表是 DBTG（Data Base Task Group）系统，亦称 CODASYL 系统。

网状模型是一种比层次模型更具普遍性的结构，它去掉了层次模型的两个限制，允许多个节点没有父节点，允许节点有多个父节点，此外它还允许两个节点之间有多种联系。

因此，网状模型可以更直接地去描述现实世界，而层次模型实质上是网状模型的一个特例。

网状模型的数据操作也包括查询和更新（包括插入、删除和修改等）两大类，对于更新操作没有层次模型的限制，允许插入尚未确定父节点值的子节点值，允许只删除父节点值，允许只修改指定的记录。

网状模型的优点是记录之间联系通过指针实现，M：N 联系也容易实现，查询效率高，缺点是编写应用程序比较复杂，程序员必须熟悉数据库的逻辑结构。

4．关系模型

关系模型是目前最重要的一种数据模型。关系数据库系统采用关系模型作为数据的组织方式，其主要特征是用表格结构表达实体集，用外键表达实体间联系。与前两种模型相比，关系模型比较简单，容易被初学者接受。每个关系实质上是一张表格，如表 7-1 所示就是一个关于学生信息的关系。

表 7-1　学生信息表

学　　号	姓　　名	性　　别	年　　龄	班　　级	籍　　贯
09001	张三	男	19	计 0901	江西
09002	李四	女	20	计 0901	湖北
09003	王五	女	21	计 0902	安徽
09004	孙六	男	18	网 0902	山西
09005	钱七	男	20	网 0902	浙江

在关系数据库中，对数据的操作几乎全部建立在一个或多个关系表格上，通过对这些关系表格的分类、合并、连接或选取等运算来实现数据的管理。

在层次和网状模型中联系是用指针实现的，而在关系模型中基本的数据结构是表格，记录之间的联系是通过各个关系模型的键体现的。关系模型的表格简单易懂，用户只需利用简单的查询语句就可以对数据库进行操作，并不涉及存储结构、访问技术等细节。关系模型是数学化的模型。由于把表格看成一个集合，因此集合论、数理逻辑等数学知识可以引入到关系模型中来。关系模型的主要缺点是由于存取路径对用户透明，查询效率往往不如非关系模型。因此为了提高性能，必须对用户的查询请求进行优化，从而增加了开发数据库管理系统的难度。

5．面向对象模型

面向对象数据模型是面向对象程序设计方法与数据库技术相结合的产物，用以满足非传统应用领域对数据模型提出的新需求。它的基本目标是以更接近人类思维的方式描述客观世界的事物及其联系。

面向对象数据模型中最基本的概念是对象和类。对象是现实世界中实体的模型化，一切事物、概念都可以看作是对象。一个对象不仅包括描述它的数据，而且还包括对其进行操作的方法的定义。每个对象有一个唯一的标识符，把状态和行为封装在一起。其中，对象的状态是该对象属性值的集合，对象的行为是在对象状态上操作方法的集合。共享同一属性集和方法集的所有对象构成一个类。类的属性值域可以是基本数据类型（如整型、实型、字符串型等），也可以是类，或者是由上述值域组成的记录或集合。系统中所有的类组成一个有根的有向无环图，叫做类层次。上层称为超类，下层称为子类。一个类从类层次中的直接或间接超类那里继承所有的属性和方法，用这种方法可以实现软件的可重用性。

面向对象数据模型能完整地描述现实世界的数据结构，具有丰富的表达能力，但模型相对比较复杂，涉及的知识较多，因此面向对象数据库尚未达到关系数据库的普及程度。面向对象数据模型具有封装性、信息隐匿性、持久性数据模型的可扩充性、继承性、代码共享和软件重用性等特性，其丰富的语义便于更自然地描述现实世界。因此，面向对象数据模型的研究受到人们的广泛关注，有着十分广阔的应用前景。

7.3　关系数据库

关系数据库是目前应用最广泛的主流数据库。由于它以数学方法为基础管理并处理数据，所以与其他各类数据库相比有比较突出的优点。也正是关系数据库的出现与发展，促进了数据库应用领域的扩大和深入。

7.3.1　关系模型

关系数据库系统是支持关系模型的数据库系统。关系模型由关系数据结构、关系操作集合和关系完整性约束 3 部分组成。

1．关系数据结构

关系模型的数据结构非常单一，现实世界的实体以及实体间的各种联系均用关系来表示。从用户角度看，关系模型中数据的逻辑结构是一张二维表。

2．关系操作集合

常用的关系操作包括查询和更新（包括插入、删除和修改等）两大部分。其中查询操作的表达能力最重要，包括选择、投影、连接、除、并、交和差等。

关系模型中的关系操作能力早期通常是用代数方法或逻辑方法来表示，分别称为关系代数和关系演算。关系代数是通过对关系的代数运算来表达查询要求；关系演算是用谓词来表达查询要求。另外还有一种介于关系代数和关系演算之间的语言，称之为结构化查询语言（SQL）。

3．关系完整性约束

关系的完整性包括实体完整性、参照完整性和用户自定义的完整性。

（1）实体完整性规则

若属性 A 是基本关系 R 的主属性，则属性 A 不能取空值。例如，在课程表（课程号、课程名、学生、周课时数、备注）中，"课程号"属性为主键，则"课程号"不能取相同的值，也不能取空值。

（2）参照完整性规则

若属性（或属性组）F 是基本关系 R 的外键，它与基本关系 S 的主键 Ks 相对应（关系

R 和 S 不一定是不同的关系），则对于关系 R 中每个元组在属性 F 上的值必须为取空值（F 中的每个属性值均为空），或者等于 S 中某个元组的主键值。

例如：职工（职工号，姓名，性别，部门号，工资）

部门（部门号，名称）

其中"职工号"是"职工"关系的主键，"部门号"是外键，而"部门"关系中"部门号"是主键，则"职工"关系中的每个元组的"部门号"属性只能取下面两类值。

☑ 空值，表示尚未给该职工分配部门。

☑ 非空值，但该值必须是"部门"关系中某个元组的"部门号"值，表示该职工不可能分配到一个不存在的部门中，即被参照关系"部门"中一定存在一个元组，其主键值等于该参照关系"职工"中的外键值。

实体完整性和参照完整性是关系模型中必须满足的完整性约束条件，只要是关系数据库系统就应该支持实体完整性和参照完整性。除此之外，不同的关系数据库系统根据其应用环境的不同，往往还需要一些特殊的约束条件，用户定义的完整性就是对某些具体关系数据库的约束条件。例如选课表（课程号，学号，成绩），在定义关系选课表时，我们可以对成绩这个属性定义必须大于等于 0 的约束。

7.3.2 关系模式

在数据库中要区分型和值。在关系数据库中，关系模式是型，关系是值。关系模式是对关系的描述。关系实质上是一张二维表，表的每一行为一个元组，每一列为一个属性。一个元组就是该关系所涉及的属性集的笛卡儿积的一个元素。关系是元组的集合，因此关系模式必须指出这个元组集合的结构，即它由哪些属性构成、这些属性来自哪些域，以及属性与域之间的映像关系。

一个关系通常是由赋予它的元组语义来确定的。元组语义实质上是一个 n 目谓词（n 是属性集中属性的个数）。凡使该 n 目谓词为真的笛卡儿积中的元素的全体就构成了该关系模式的关系。

关系模式可以形式化地表示为：

$$R (U, D, dom, F)$$

其中，R 为关系名，U 为组成该关系的属性名集合；D 为属性组 U 中属性所来自的域；dom 为属性向域的映像集合；F 为属性间的数据依赖关系集合。

关系模式通常可以简记为：

$$R (U) \text{ 或 } R (A_1, A_2, \ldots, A_n)$$

其中，R 为关系名，$A_1, A_2, \ldots, A_n$ 为属性名，而域名及属性向域的映像常常直接说明为属性的类型、长度。

关系实际上就是关系模式在某一时刻的状态或内容。关系模式是静态的、稳定的，而关系是动态的、随时间不断变化的，因为关系操作在不断地更新着数据库中的数据。但在实际中，常把关系模式和关系都称为关系，这不难从上下文中加以区别。

7.3.3　关系代数

关系代数是一种抽象的查询语言，通过对关系的运算来表达查询，通常是用作研究关系数据语言的数学工具。

关系代数的运算对象是关系，运算结果也为关系。关系代数用到的运算符包括 4 类：集合运算符、专门的关系运算符、算术比较符和逻辑运算符。关系代数的运算按运算符的不同主要分为传统的集合运算和专门的关系运算两类。

1.　传统的集合运算

传统的集合运算是二目运算，包括并、交、差、广义笛卡儿积 4 种运算。

设关系 R 和关系 S 具有相同的目 n（即两个关系都有 n 个属性），且相应的属性取自同一个域，则可定义交、差和并运算。

（1）并（Union）

关系 R 与关系 S 的并由属于 R 或属于 S 的元组组成，其结果仍为 n 目关系，记作 $R \cup S = \{t \mid t \in R \vee \in S\}$。

（2）差（Difference）

关系 R 与关系 S 的差由属于 R 而不属于 S 的所有元组组成，其结果仍为 n 目关系，记作 $R - S = \{t \mid t \in R \vee t \notin S\}$。

（3）交（Intersection Referential Integrity）

关系 R 与关系 S 的交由既属于 R 又属于 S 的元组组成，其结果仍为 n 目关系，记作 $R - S = \{t \mid t \in R \vee t \notin S\}$。

（4）广义笛卡儿积（Extended Cartesian Product）

两个分别为 n 目和 m 目的关系 R 和 S 的广义笛卡儿积是一个 $(n+m)$ 列的元组的集合。元组的前 n 列是关系 R 的一个元组，后 m 列是关系 S 的一个元组。若 R 有 k_1 个元组，S 有 k_2 个元组，则关系 R 和关系 S 的广义笛卡儿积有 $k_1 \times k_2$ 个元组。

2.　专门的关系运算

专门的关系运算包括选择、投影、连接和除等。

为了叙述上的方便，先引入几个记号。

（1）设关系模型为 $R(A_1, A_2, ..., A_n)$，它的一个关系设为 R。$t \in R$ 表示 t 是 R 的一个元组，$t[A_i]$ 则表示元组 t 中对应于属性 A_i 的一个分量。

（2）若 $A-\{A_{i1}, A_{i2}, ..., A_{ik}\}$（其中 $A_{i1}, A_{i2}, ..., A_{ik}$ 是 $A_1, A_2, ..., A_k$ 中的一部分），则 A 称为属性列或域列；$\neg A$ 则表示 $\{A_1, A_2, ..., A_n\}$ 中去掉 $\{A_{i1}, A_{i2}, ..., A_{ik}\}$ 后剩余的属性组；$t[A] = (t[A_{i1}], t[A_{i2}], ..., t[A_{ik}])$ 表示元组 t 在属性列 A 上诸分量的集合。

（3）R 为 n 目关系，S 为 m 目关系。设 $t_r \in R$，$t_s \in S$，则 $\overset{\frown}{t_r t_s}$ 称为元组的连接（Concatenation）。它是一个 $(n+m)$ 列的元组，前 n 个分量为 R 中的一个 n 元组，后 m 个分量为 S 中的一个 m 元组。

（4）给定一个关系 $R(X,Z)$，X 和 Z 为属性组。我们定义，当 $t[X]=x$ 时，x 在 R 中的像集（Images Set）为：

$$Zx = \{t[Z] \mid t \in R, t[X] = x\}$$

它表示 R 中属性组 X 上值为 x 的诸元组在 Z 上分量的集合。

下面具体介绍各关系运算。

（1）选择（Selection）

选择又称为限制（Restriction），它是在关系 R 中选择满足给定条件的诸元组，记作 $\sigma F(R) = \{t \mid t \in R \land F(t) = "真"\}$。

其中，F 表示选择条件，它是一个逻辑表达式，取逻辑值"真"或"假"。

逻辑表达式 F 的基本形式为：

$$X_1 \theta Y_1$$

其中，θ 表示比较运算符，它可以是 >、≥、<、≤、=或≠；X_1、Y_1 等是属性名、常量或简单函数。

选择运算实际上是从关系 R 中选取使逻辑表达式 F 为真的元组。这是从行的角度进行的运算。

（2）投影（Projection）

关系 R 上的投影是从 R 中选取出若干属性列组成新的关系，记作 $\pi_A(R) = \{t[A] \mid t \in R\}$。

其中，A 为 R 中的属性列。

（3）连接（Join）

连接包括 θ 连接、自然连接、外连接、半连接。

连接运算就是从两个关系的笛卡儿积中选取属性间满足一定条件的元组。例如，从 R 和 S 的笛卡儿积 R×S 中选取（R 关系）在 A 属性组上的值与（S 关系）在 B 属性组上的值满足比较关系 θ 的元组。

连接运算中有两种最为重要也最为常用的连接，一种是等值连接（Equi-Join），另一种是自然连接（Natural Join）。

☑ θ 为"="的连接运算称为等值连接，它是从关系 R 与 S 的笛卡儿积中选取 A、B 属性值相等的那些元组。

☑ 自然连接（Natural Join）是一种特殊的等值连接，它要求两个关系中进行比较的分量必须是相同的属性组，并且要在结果中把重复的属性去掉。

一般的连接操作是从行的角度进行运算，但自然连接还需要取消重复列，所以是同时从行和列的角度进行运算。

（4）除（Division）

给定关系 R(X,Y) 和 S(Y,Z)（其中 X,Y,Z 为属性组），则 R 中的 Y 与 S 中的 Y 可以有不同的属性名，但必须出自相同的域集。R 与 S 的除运算得到一个新的关系 P(X)（其中 P 是 R 中满足下列条件的元组在 X 属性列上的投影：元组在 X 上分量值 x 的像集 Yx 包含 S 在 Y 上投影的集合）。

7.3.4 关系数据库规范化理论

设计一个合适的关系数据库系统，关键在于关系数据库模式的设计。一个好的关系数据库模式应该包含多少个关系模式，每个关系模式应该由哪些属性组成，如何将这些关系模式组合成一个合适的关系模型，这些都需要一套规范化理论来指导。

1．规范化问题

所谓规范化，就是用形式更为简洁、结构更加规范的关系模式取代原有关系模式的过程。如果将两个或两个以上实体的数据存放在一个表里，就会出现数据冗余度大、插入异常、删除异常等问题。

- ☑ 数据冗余：相同数据在数据库中多次重复存放的现象。数据冗余不仅会浪费存储空间，而且可能造成数据的不一致。
- ☑ 插入异常：当在不规范的数据表中插入数据时，由于实体完整性约束要求主码不能为空，而使有用数据无法插入的情况。
- ☑ 删除异常：当不规范的数据表中某条需要删除的元组中包含一部分有用数据时，就会出现删除困难。

解决上述 3 个问题的方法，就是将不规范的关系分解为多个关系，使得每个关系中只包含一个实体的数据。但是分解后也存在另一问题，当需要查询时需要将两个关系连接后方能查询，而关系连接的代价也是很大的。

那么，什么样的关系需要分解？分解关系模式的理论依据又是什么？分解完后能否完全消除上述 3 个问题？回答这些问题需要下面的理论指导。

2．函数依赖

实体之间的联系，实际上是属性值之间相互依赖与相互制约的反映，称之为属性间的数据依赖。数据依赖共有 3 种，即函数依赖、多值依赖和连接依赖，其中最重要的是函数依赖。

函数依赖是属性之间的一种联系。在关系 R 中，X、Y 为 R 的两个属性或属性组，如果对于 R 的所有关系 r 都存在：对于 X 的每一个具体值，Y 都只有一个具体值与之对应，则称属性 Y 函数依赖于属性 X。或者说，属性 X 函数决定属性 Y，记作 $X \rightarrow Y$。其中，X 叫做决定因素，Y 叫做被决定因素。

若 Y 函数不依赖于 X，记作：$X \nrightarrow Y$。

若 $X \rightarrow Y$，$Y \rightarrow X$，记作：$X \leftrightarrow Y$。

前面学习的属性间的 3 种关系，并不是每种关系中都存在着函数依赖。如果 X、Y 间是 1:1 关系，则存在函数依赖 $X \leftrightarrow Y$。如果 X、Y 间是 1:n 关系，则存在函数依赖 $X \rightarrow Y$ 或 $Y \rightarrow X$（多方为决定因素）；如果 X、Y 间是 m:n 关系，则不存在函数依赖。

📢 **注意**：属性间的函数依赖不是指 R 的某个或某些关系子集满足上述限定条件，而是指 R 的一切关系子集都要满足定义中的限定。只要有一个具体的关系 r（R 的一个关系子集）不满足定义中的条件，就破坏了函数依赖，使函数依赖不成立。

这里的关系子集，指的是 R 的某一部分元组的集合。

3．范式

当一个关系中的所有分量都是不可再分的数据项时，该关系是规范化的。即当表中不存在组合数据项和多值数据项，只存在不可分的数据项时，这个表是规范化的。

二维表按其规范化程度从低到高可分为 5 级范式（Normal Form），分别称为 1NF、2NF、

3NF（BCNF）、4NF、5NF。规范化程度较高者必是较低者的子集，即 1NF ⊃ 2NF ⊃ 3NF ⊃ BCNF ⊃ 4NF ⊃ 5NF。

定义 1：如果关系模式 R 中不包含多值属性，则 R 满足第一范式（First Normal Form），记作：R ∈ 1NF。

1NF 是对关系的最低要求，不满足 1NF 的关系是非规范化的关系。

要将非规范化关系转化为规范化关系 1NF，方法很简单，只要上表分别从横向、纵向展开即可。

定义 2：如果一个关系 R ∈ 1NF，且它的所有非主属性都完全函数依赖于 R 的任一候选码，则 R 属于第二范式，记作：R ∈ 2NF。

📖 说明：上述定义中所谓的候选码也包括主码，因为码首先应是候选码，才可以被指定为码。

定义 3：如果关系模式 R ∈ 2NF，且它的每一个非主属性都不传递依赖于任何候选码，则称 R 是第三范式，记作：R ∈ 3NF。

达到 3NF 的关系模式，基本满足应用要求，出现异常的情况相对较少，但有时也会出现异常，此时需要分解为更高范式。

定义 4：设关系模式 R(U, F) ∈ 1NF，若 F 的任一函数依赖 $X \to Y (Y \not\subset X)$ 中 X 都包含了 R 的一个码，则称 R ∈ BCNF。

一个关系模式如果达到了 BCNF，那么在函数依赖范围内，它就已经实现了彻底的分离，消除了数据冗余、插入异常和删除异常。利用函数依赖对关系模式进行规范化，BCNF 是所能达到的最高范式；利用多值依赖还可以达到 4NF。

关系规范化的目的，是解决关系模式中存在的数据冗余、插入和删除异常、更新繁琐等问题。关系规范化的基本思想是，消除数据依赖中不合适的部分，使各关系模式达到某种程度的分离，使一个关系只描述一个概念、一个实体或实体间的一种联系。因此，规范化的实质就是概念单一化的过程。关系规范化的过程是通过对关系模式的分解来实现的，把低一级的关系模式分解为若干高一级的关系模式。规范化程度越高，分解就越细，所得关系的数据冗余就越小，更新异常也会越少。但是，规范化在减少关系的数据冗余和消除更新异常的同时，也加大了系统对数据检索的开销，降低了数据检索的效率。因为关系分得越细，数据检索时所涉及的关系个数就越多，系统只有对所有关系进行自然连接，才能获取所需的全部信息，而连接操作所需的系统资源和开销是比较大的。所以不能说，规范化程度越高的关系模式就越好。规范化应满足的基本原则是：由低到高，逐步规范，权衡利弊，适可而止。通常，以满足第三范式为基本要求。

7.3.5　SQL 语言

SQL（Structured Query Language，结构化查询语言）是一种集数据定义、数据查询、数据操纵和数据控制功能于一体的语言，具有功能丰富、使用灵活、语言简洁等特点，1986 年被美国国家标准局批准为关系型数据库语言的标准。

SQL 是高级的非过程化编程语言，其大多数语句都是独立执行的，与上下文无关。它既不是数据库管理系统，也不是应用软件开发语言，只能用于对数据库中的数据进行操作。

SQL 语言包含 4 个部分：

☑　数据定义语言（DDL）：用于定义和管理对象，如数据库、数据表以及视图。DDL 语句通常包括每个对象的 CREATE、ALTER 以及 DROP 命令。例如，CREATE TABLE、ALTER TABLE 以及 DROP TABLE 语句可以用来建立新数据表、修改其属性（如新增或删除行）、删除数据表等。

☑　数据操作语言（DML）：利用 INSERT、UPDATE 及 DELETE 等语句来操作数据库对象所包含的数据。其中，INSERT 语句用来在数据表或视图中插入一行数据；UPDATE 语句用来更新或修改一行或多行中的值；DELETE 语句用来删除数据表中一行或多行的数据，也可以删除表中的所有数据行。

☑　数据查询语言（DQL）：SELECT 语句用来检索数据表中的数据，而哪些数据被检索由列出的数据行与语句中的 WHERE 子句决定。

☑　数据控制语言（DCL）：用于控制对数据库对象操作的权限，它使用 GRANT 和 REVOKE 语句对用户或用户组授予或回收数据库对象的权限。其他语句还有 COMMIT、ROLLBACK 等。

由于 SQL 指令在部分进阶使用时，语法会依照特定条件来变换，而且当表格中的字段过多时，许多开发人员都会习惯以字串组立的方式建立 SQL 指令，同时使用系统管理员级的账户连接到数据库，因此让黑客有机会利用 SQL 的组立方式进行攻击。例如，在指令中添加部分刺探性或破坏性的指令（例如，DROP TABLE、DROP DATABASE 或 DELETE * FROM myTable 等具破坏性的指令），让数据库的资料或实体服务器被破坏，导致服务中断或是系统瘫痪等后果，此种攻击手法称为 SQL 注入。目前较为有效的防御方法就是全面改用参数化查询，或是检查输入数据，过滤掉可能的危险指令或数据来防范。

7.4　数据库设计

数据库设计是信息系统开发和建设中的核心技术。关系数据库设计实际上就是根据应用问题建立关系数据库及其相应的应用系统。一个数据库应用系统的好坏，很大程度上取决于数据库设计的好坏。由于数据库应用系统结构复杂、应用环境多样，因此设计时需要考虑的因素有很多。

7.4.1　数据库设计概述

数据库设计是指对于一个给定的应用环境，构造最优的数据库模式，建立数据库及其应用系统，使之能够有效地存储数据，满足各种用户的应用需求。这个问题是数据库在应用领域的主要研究课题。

早期的数据库设计主要采用手工试凑法，这种方法与设计人员的经验和水平直接相关，工程的质量难以保证，常常是数据库运行一段时间后又不同程度地发现各种问题，增加了系统维护的代价。数十年来人们努力探索，提出了各种数据库设计方法。这些方法运用软件工程的思想和方法，提出了各种设计准则和规程，都属于规范设计法。

按照规范设计的方法，考虑数据库及其应用系统开发全过程，可将数据库设计分为以下 6 个阶段。

- ☑ 需求分析。
- ☑ 概念设计。
- ☑ 逻辑设计。
- ☑ 物理设计。
- ☑ 数据库实施。
- ☑ 数据库运行和维护。

在数据库设计过程中，需求分析和概念设计可以独立于任何数据库管理系统进行；逻辑设计和物理设计与选用的数据库管理系统密切相关。

开始设计数据库之前，首先必须选定参加设计的人员，包括系统分析人员、数据库设计人员、应用开发人员、数据库管理人员和用户代表。系统分析和数据库设计人员是数据库设计的核心人员，他们将自始至终参与数据库设计，其水平决定了数据库系统的质量。用户和数据库管理人员在数据库设计中也起着举足轻重的作用，他们主要参加需求分析和数据库的运行和维护，他们的积极参与不但能加速数据库设计，而且也是决定数据库设计质量的重要因素。应用开发人员（包括程序员和操作员）分别负责编制程序和准备软硬件环境，他们一般在数据库实施阶段参与进来。如果所涉及的数据库应用系统比较复杂，还应该考虑是否需要使用数据库设计工具以及选用何种工具，以提高数据库设计质量并减少设计工作量。

设计一个完善的数据库应用系统是不可能一蹴而就的，它往往是上述 6 个阶段的不断反复。

7.4.2 数据库设计的需求分析

进行数据库设计，首先必须准确了解与分析用户需求（包括数据与处理）。需求分析是整个设计过程的基础，是最困难、最耗费时间的一步。在这一阶段，主要是由系统分析员和用户共同收集数据库所需要的信息内容，由用户提出具体要求，并以数据流图和数据字典等书面形式确定下来，作为以后验证系统的依据。

具体地说，需求分析阶段要做的工作包括以下几个方面。

（1）调查未来系统所涉及的用户的当前职能、业务活动及其流程，确定系统范围，明确用户业务活动中的哪些工作应由计算机系统来做，哪些由人工来做。

（2）确定用户对未来系统的各种需求，包括信息要求、处理要求、安全性和完整性要求。在此过程中，必须重点了解用户在业务活动中要输入什么数据，对这些数据的格式、范围有何要求。另外，还需要了解用户会使用什么数据，如何处理这些数据，经过处理的数据的输出内容、格式是什么。最后，还应明确处理后的数据该送往何处，谁有权查看这些数据。

（3）深入分析用户的业务处理，用数据流图表达整个系统的数据流向及对数据的处理，描述数据与处理之间的关系。

（4）分析系统数据，产生数据字典，以描述数据流图中涉及的各数据项、数据结构、数据流、数据存储和处理等。

在这一阶段，设计人员必须不断地与用户交流，与用户达成共识，以便逐步确定用户的实际需求，然后分析和表达这些需求。需求分析人员既要懂得数据库技术，又要对应用环境的业务比较熟悉。

分析和表达用户的需求，经常采用的方法有结构化分析方法和面向对象的分析方法。结构化分析方法用自顶向下、逐层分解的方式分析系统，用数据流图表达数据和处理过程的关系，最后形成数据字典，对系统中的数据进行详尽的描述。

对数据库设计来讲，数据字典是进行详细的数据收集和数据分析所获得的主要结果。它是各类数据描述的集合，通常包括 5 个部分，即数据项、数据结构、数据流、数据存储和处理过程。数据字典在需求分析阶段建立，在数据库设计过程中不断修改、充实和完善。

需求分析是整个设计活动的基础，也是最困难、最花时间的一步，需求分析的结果是否准确反映用户的实际要求，将直接影响到后面各阶段的设计。

7.4.3　数据库概念设计

概念结构是对现实世界的一种抽象。所谓抽象是对实际的人、物、事和概念进行人为处理，抽取所关心的共同特性，忽略非本质的细节，并把这些特性用各种概念精确地加以描述，便组成了某种模型。通过概念设计得到的概念模型是从现实世界的角度对所要解决的问题的描述，不依赖于具体的硬件环境和数据库管理系统。

在需求分析和逻辑设计之间增加概念设计阶段，可以使设计人员仅从用户的角度看待数据及处理要求和约束。

1．对数据库概念模型的要求

表达概念设计的结果称为概念模型。对概念模型有以下要求：
- ☑　有丰富的语义表达能力，能表达用户的各种需求。
- ☑　易于交流和理解，从而可以用它和不熟悉计算机的用户交换意见。
- ☑　要易于更改。当应用环境和应用要求改变时，概念模型要能很容易地修改和扩充以反映这种变化。
- ☑　易于向各种数据模型转换。

在数据库的概念设计中，通常采用 E-R 数据模型来表示数据库的概念结构。E-R 数据模型将现实世界的信息结构统一用属性、实体以及它们之间的联系来描述。

2．数据库概念模型的设计方法

在概念设计阶段，一般使用语义数据模型描述概念模型。通常是使用 E-R 模型图作为概念设计的描述工具进行设计。用 E-R 模型图进行概念设计可以采用如下两种方法：

（1）集中式模型设计法

首先，设计一个全局概念数据模型，再根据全局数据模型为各个用户组或应用定义外模型。

（2）视图集成法

以各部分的需求说明为基础，分别设计各自的局部模型，这些局部模型相当于各部分的视图，然后再以这些视图为基础，集成为一个全局模型。

视图是按照某个用户组、应用或部门的需求说明，用 E-R 数据模型设计的局部模型。现在的关系数据库设计通常采用视图集成法。

3. 采用 E-R 方法的概念模型设计步骤

概念结构设计的第一步就是对需求分析阶段收集到的数据进行分类、组织（聚集），形成实体、实体的属性，标识实体的码，确定实体之间的联系类型（1∶1、1∶N、M∶N），设计分 E-R 图。

采用 E-R 方法进行概念设计，可分为两步进行，即局部 E-R 模型设计和全局 E-R 模型设计。

（1）局部 E-R 模型设计

设计局部 E-R 模型的具体做法是：

先选择某个局部应用，根据某个系统的具体情况，在多层的数据流图中选择一个适当层次的数据流图，作为设计分 E-R 图的出发点。

由于高层的数据流图只能反映系统的概貌，而中层的数据流图能较好地反映系统中各局部应用的子系统组成，因此人们往往以中层数据流图作为设计分 E-R 图的依据。

选择好局部应用之后，就要对每个局部应用逐一设计分 E-R 图，亦称局部 E-R 图。

在前面选好的某一层次的数据流图中，每个局部应用都对应了一组数据流图，局部应用涉及的数据都已经收集在数据字典中了。下面要做的是将这些数据从数据字典中抽取出来，参照数据流图，标定局部应用中的实体、实体的属性，标识实体的码，确定实体之间的联系及其类型。

事实上，在现实世界中具体的应用环境常常对实体和属性已经作了大体的自然划分。在数据字典中，"数据结构"、"数据流"和"数据存储"都是若干属性有意义的聚合，就体现了这种划分。可以先从这些内容出发定义 E-R 图，然后再进行必要的调整。

（2）全局 E-R 模型设计

各子系统的分 E-R 图设计好以后，下一步就是将所有的分 E-R 图整合成一个系统的总 E-R 图。

一般地，视图集成可以有两种方式。

☑　多个分 E-R 图一次集成。

☑　逐步集成，用累加的方式一次集成两个分 E-R 图。

无论采用哪种方式，每次集成局部 E-R 图都需要分为以下两个步骤。

①视图合并

视图合并要解决各分 E-R 图之间的冲突，将各分 E-R 图合并起来生成初步 E-R 图。消除各分 E-R 图的冲突是合并分 E-R 图的主要工作与关键所在。各分 E-R 图之间的冲突主要有 3 类：命名冲突、属性冲突和结构冲突。

命名冲突通常有同名异义冲突和异名同义冲突两种。其中，同名异义冲突是指在几个不同的局部 E-R 图中出现了相同的名称，而它们所表达的含义却不相同；异名同义冲突是指在几个不同的局部 E-R 图中出现了不同的名称，而它们所表达的含义相同，如"何时入学"和"入学时间"是异名同义，它们都表示学生的入学时间，用了不同的属性名。命名冲突常出现在属性命名过程中，要解决它需要与各部门协商、讨论。

属性冲突又可分为属性域冲突和属性取值单位冲突两种。其中，属性域冲突是指同一属性在不同的地方其属性值的类型、取值范围或取值集合不同，例如学号在一个视图中可能被当作字符串，在另一个视图中可能被当作整数。属性取值单位冲突，例如表示身高属性，有些视图中是以米为单位，而另外一些视图以厘米为单位。出现属性冲突主要是因为用户在业务上没有统一的规范，通过与用户协商可以解决此类问题。

结构冲突主要存在以下几种情况：同一对象在一个实体中可能作为实体，在另一个视图中可能作为属性或联系；同一实体在不同的分 E-R 图中所包含的属性个数和属性排列次序不完全相同；不同的视图可能有不同的约束。例如，对"选课"这个联系，本科生和专科生对选课的最少门数和最多门数要求可能不一样。

②修改和重构生成基本 E-R 图

通过修改和重构消除不必要的冗余，生成基本 E-R 图。

冗余的数据是指可由基本数据导出的数据，冗余的联系是指可由其他联系导出的联系。消除了冗余后的初步 E-R 图称为基本 E-R 图。

视图集成的要求是要尽可能合并对应的部分，保留特殊的部分，删除冗余部分，必要时对模型进行适当的修改，力求使模型简明清晰。

视图集成后，要对整体概念结构进行验证。要求：整体概念结构必须具有一致性，不存在矛盾；整体概念结构要反映单个视图的结构，包括实体及实体之间的联系；整体概念结构必须满足需求分析阶段确定的所有要求。如果两个实体在不同的视图中存在着不同的联系，集成时所有联系都要保留。

各个局部应用所面向的问题不同，且通常是由不同的设计人员进行局部视图设计，这就导致各个分 E-R 图之间必定会存在许多不一致的地方。因此，合并分 E-R 图时并不能简单地将各个分 E-R 图画到一起，而必须着力消除各个分 E-R 图中的不一致，以形成一个能为全系统中所有用户共同理解和接受的统一的概念模型。合理消除各分 E-R 图中的冲突是合并分 E-R 图的主要工作与关键所在。

7.4.4　数据库的逻辑设计

数据库逻辑设计的目的，是从概念模型导出特定的数据库管理系统可以处理的数据库的逻辑结构，与具体的 DBMS 无关，主要反映业务逻辑。数据库逻辑设计是整个设计的前半段，包括所需的实体和关系、实体规范化等工作。数据库逻辑设计决定了数据库及其应用的整体性能、调优位置。如果数据库逻辑设计不好，则所有调优方法对于提高数据库性能的效果都是有限的。

1. 逻辑设计的步骤

逻辑设计的一般步骤如下：

（1）把 E-R 图的实体和联系类型，转换成选定的数据库管理系统支持的记录类型（层次、网状、关系）。

（2）子模型设计。子模型是应用程序与数据库的接口，允许有效访问数据库而不破坏数据库的安全性。

（3）模型评价。对逻辑数据库结构（模型），根据定量分析和性能测算作出评价。定量分析针对的是处理频率和数据容量及其增长情况；性能测算针对的是逻辑记录访问数目、一个应用程序传输的总字节数和数据库的总字节数等。

（4）优化模型。为使模型适应信息的不同表示，可利用数据库管理系统性能，如索引、散列功能等，但不修改数据库的信息。

2．E-R 模型向关系数据模型的转换

E-R 模型可以向现有的各种数据库模型转换，不同的数据库模型有不同的转换规则。向关系模型转换的规则是：

（1）一个实体类型转换成一个关系模型，实体的属性就是关系的属性，实体的码就是关系的码。

（2）对于实体之间的联系则有以下不同的情况：

☑ 一个 1∶1 联系可以转换为一个独立的关系模型，也可以与联系的任意一端实体所对应的关系模型合并。如果转换为一个独立的关系模型，则与该联系相连的各实体的码以及联系本身的属性均转换为关系的属性，每个实体的码均是该关系的候选码。如果与联系的任意一端实体所对应的关系模型合并，则需要在该关系模型的属性中加入另一个实体的码和联系本身的属性。

☑ 一个 1∶n 联系可以转换为一个独立的关系模型，也可以与联系的任意 n 端实体所对应的关系模型合并。如果转换为一个独立的关系模型，则与该联系相连的各实体的码以及联系本身的属性均转换为关系的属性，而关系的码为 n 端实体的码。如果与联系的 n 端实体所对应的关系模型合并，则需要在该关系模型的属性中加入一端实体的码和联系本身的属性。

☑ 一个 m∶n 联系转换为一个关系模型。与该联系相连的各实体的码以及联系本身的属性均转换为关系的属性，而关系的码为各实体码的组合。

☑ 3 个或 3 个以上的实体间的多元联系转换为一个关系模型。与该多元联系相连的各实体的码以及联系本身的属性均转换为关系的属性，而关系的码为各实体码的组合。

具有相同码的关系模型可合并。

3．关系数据库的逻辑设计

关系数据库的逻辑设计过程如下：

（1）导出初始关系模型。将 E-R 图按规则转换成关系模型。

（2）规范化处理。消除异常，改善完整性、一致性和存储效率。规范化过程实际上就是单一化过程，即一个关系描述一个概念，若多于一个概念就把它分离出来。

（3）模型评价。其目的是检查数据库模型是否满足用户的要求，包括功能评价和性能评价。

（4）优化模型。例如，疏漏的要新增关系或属性，性能不好的要采用合并、分解或选

参 考 文 献

[1] 蒋加伏，沈岳. 大学计算机基础. 北京：北京邮电大学出版社，2005

[2] 毛汉书，徐秋红，翟晓明. 计算机应用技术基础. 北京：清华大学出版社，2006

[3] 徐安东. 计算机与信息技术应用教程. 北京：清华大学出版社，2004

[4] 叶远谋，周松林. 计算机应用基础. 北京：科学出版社，2002

[5] 仵春光，底涛. 全面掌握 Microsoft Office XP 中文版. 北京：清华大学出版社，2002

[6] 吴定雪. 大学计算机基础. 北京：科学出版社，2006

[7] Excel home. Excel 实战技巧精粹. 北京：人民邮电出版社，2007

[8] http://baike.baidu.com/

[9] 叶斌. 大学计算机基础教程. 北京：人民邮电出版社，2010

[10] 陈燕平，赵罡. 大学计算机基础教程. 北京：中国水利水电出版社，2009

[11] 毕晓玲，黄晓凡. 大学计算机基础教程. 北京：人民邮电出版社，2010

[12] 杨文君. 大学计算机基础教程. 北京：清华大学出版社，2009

[13] 王珊，萨师煊. 数据库系统概论. 第 4 版. 北京：高等教育出版社，2000

[14] 施伯乐，丁宝康，周傲英，田增平. 数据库系统教程. 北京：高等教育出版社，1999

[15] 李红. 数据库原理与应用. 北京：高等教育出版社，2007

管理员就要对数据库进行全部重组织或部分重组织。

数据库应用环境发生变化，会导致实体及实体间的联系也发生相应的变化，使原有的数据库设计不能很好地满足新的需求，此时就需要增加新的应用或新的实体，取消或改变某些已有应用。

当然，数据库的重构造也是有限的，只能进行部分修改。如果应用变化太大，重构也无济于事，说明此数据库应用系统的生命周期已经结束，应该重新设计新的数据库应用系统了。

习　题　七

1．填空题

（1）在连接运算中，_____连接是去掉重复属性的等值连接。

（2）在数据库的三级模型结构中，描述数据库中全体数据的全局逻辑结构和特征的是_____。

（3）已知在教学环境中，一名学生可以选修多门课程，一门课程可以有多名学生选修，则学生实体与课程实体之间的联系是_____。

（4）当对两个关系使用自然连接时，要求这两个关系含有一个或多个共有的_____。

（5）在数据库设计中，在概念设计阶段可用 E-R 方法，其设计出的图叫做_____。

2．选择题

（1）在下列 4 个选项中，不属于基本关系运算的是_____。

  A．连接   B．投影   C．选择   D．排序

（2）如果一个班只能有一个班长，而且该班长不能同时担任其他班的班长，则班级和班长两个实体之间的关系属于_____。

  A．一对一联系 B．一对二联系 C．多对多联系 D．一对多联系

（3）参照完整性的规则不包括_____。

  A．更新规则   B．删除规则   C．插入规则   D．检索规则

（4）设有关系 R1 和 R2，经过关系运算得到结果 S，则 S 是_____。

  A．一个关系   B．一个表单   C．一个数据库 D．一个数组

（5）数据库的概念模型独立于_____。

  A．具体的机器和 DBMS   B．E-R 图

  C．信息世界   D．现实世界

（6）_____是存储在计算机内有结构的数据的集合。

  A．数据库系统   B．数据库

  C．数据库管理系统   D．数据结构

（7）数据库管理系统能实现对数据库中数据的查询、插入、修改和删除等，这种功能称为_____。

A．数据定义功能   B．数据管理功能

C．数据操纵功能   D．数据控制功能

（8）关系数据库管理系统应能实现的专门关系运算包括_____。

A．排序、统计、索引   B．选择、投影、连接

C．关联、更新、排序   D．显示、打印、制表

（9）SQL 语言中实现数据删除的语句是_____。

A．SELECT   B．INSERT   C．UPDATE   D．DELETE

（10）数据库的网状模型应满足的条件是_____。

A．允许一个以上的节点无双亲，也允许一个节点有多个双亲

B．允许有两个以上的节点

C．有且仅有一个节点无双亲，其余节点都只有一个双亲

D．每个节点有且仅有一个双亲

（11）关系模型中，满足 2NF 的关系模式_____。

A．可能是 1NF   B．必定是 1NF

C．必定是 3NF   D．必定是 BCNF

（12）数据库概念设计的 E-R 图中，用_____表示实体间的联系。

A．矩形   B．四边形   C．菱形   D．椭圆形

（13）关系数据库系统中所使用的数据库结构是_____。

A．树   B．图   C．图表   D．二维表

（14）SQL 语言是_____。

A．高级语言   B．编程语言   C．结构化查询语言   D．宿主语言

（15）数据库系统的核心是_____。

A．数据库   B．数据库管理系统

C．数据模型   D．软件工具